Technische Universität Berlin

Wolfgang Raack, Maximilian [illegible]

MECHANIK

Klausuraufgaben

2. verbesserte Auflage

2. Institut für Mechanik

Berlin 1995

Anschrift der Verfasser:

Prof. Dr.-Ing. Wolfgang Raack
Maximilian Gummert

2. Institut für Mechanik der Technischen Universität Berlin
Sekr. B 8, Straße des 17. Juni 135, 10623 Berlin

Telefon: (030) 314-23324

Titelbild: Johann Bernoulli (1667-1748)

ISBN 3 7983 1575 2

∞ *Gedruckt auf säurefreiem alterungsbeständigem Papier*

Druck/ Printing:	Offset-Druckerei Gerhard Weinert GmbH, Saalburgstr. 3, 12099 Berlin
Vertrieb/ Publisher:	Technische Universität Berlin Universitätsbibliothek, Abt. Publikationen Straße des 17. Juni 135, D-10623 Berlin Tel.: (030) 314-22976, -23676 Fax.: (030) 314-24743
Verkauf/ Book Shop:	Gebäude FRA-B Franklinstr. 15 (Hof), 10587 Berlin-Charlottenburg

Vorwort

Der vorliegende Katalog enthält eine Sammlung von Aufgaben, die in den zurückliegenden Jahren in den Klausuren zu der vom 2. Institut für Mechanik regelmäßig angebotenen einsemestrigen Lehrveranstaltung über Mechanik gestellt wurden. In einer zweistündigen Klausur waren jeweils fünf Aufgaben dieser Art enthalten, und die vier am besten beurteilten wurden gewertet.

Die Aufgaben wurden überwiegend von früheren studentischen Mitarbeiterinnen und Mitarbeitern des Instituts entworfen, und ihr selbständiges Lösen ist als sinnvolle Vorbereitung auf entsprechende Klausuren anzusehen.

Berlin, 1995

Wolfgang Raack
Maximilian Gummert

①

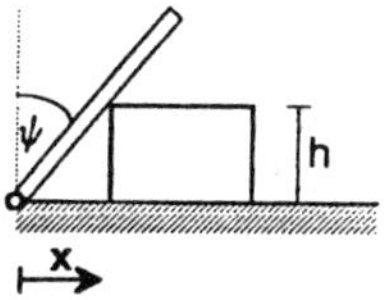

Ein Quader der Höhe h gleitet auf einer Ebene nach dem Gesetz **$x(t)=Ct^3$**. Berechnen Sie $\dot{\psi}(t)$ und $\ddot{\psi}(t)$ für den stets anliegenden Stab.

Gegeben: h, C

Lösung:

$$\tan\psi = \frac{x}{h} \quad \Leftrightarrow \quad \psi = \arctan(Bt^3) \qquad \text{mit} \quad B = \frac{C}{h}$$

$$\dot{\psi}(t) = \frac{3Bt^2}{1+(Bt^3)^2}$$

$$\ddot{\psi}(t) = \frac{6Bt[1+(Bt^3)^2]-3Bt^2(6B^2t^5)}{[1+(Bt^3)^2]^2} = \frac{6Bt[1-2(Bt^3)^2]}{[1+(Bt^3)^2]^2}$$

②

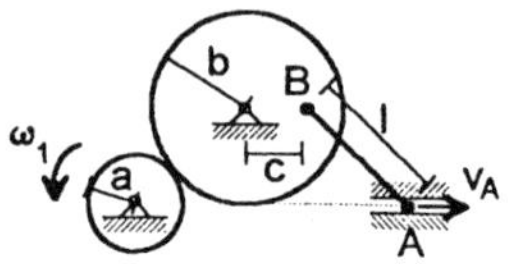

Die kleine Kreisscheibe dreht sich mit der Winkelgeschwindigkeit ω_1. Ermitteln Sie die Geschwindigkeit v_A für die skizzierte Konfiguration.

Gegeben: $\omega_1 = 10\,\frac{1}{s}$, a=1m, b=2m, c=1m, $l = 2\sqrt{2}$ m

Lösung:

$\omega_1 a = \omega_2 b \quad \Rightarrow \quad \omega_2 = \frac{a}{b}\omega_1 = 5\frac{1}{s}$

$v_B = \omega_2 \cdot c = \omega_3 \cdot x = 5\frac{m}{s}$

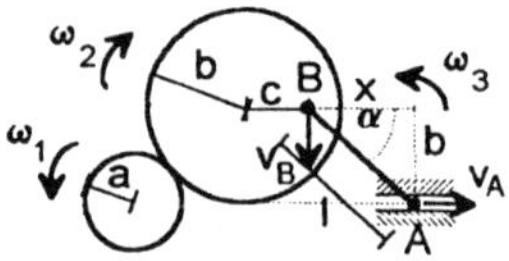

$\sin\alpha = \frac{b}{l} = \frac{1}{2}\sqrt{2} \quad \Rightarrow \quad \alpha = 45^\circ$

$\Rightarrow \quad x = b$

$\Rightarrow \quad \underline{v_A} = \omega_3 \cdot b = \omega_3 \cdot x = v_B = \underline{5\frac{m}{s}}$

③

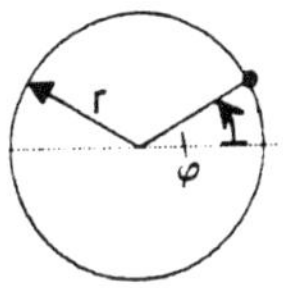

Ein Punkt rotiert auf einer Kreisbahn gemäß $\boldsymbol{\varphi(t)=at^2}$.
Nach welcher Teit **T** beträgt seine Beschleunigung das Zwanzigfache der Erdbeschleunigung?
Gegeben: $r=1\text{m},\ a=3\ \frac{1}{s^2},\ g=10\ \frac{m}{s^2}$

Lösung:

$$\varphi(t) = at^2$$
$$\Rightarrow \quad \dot{\varphi}(t) = 2at \qquad \ddot{\varphi}(t) = 2a$$

$$b_n = r\dot{\varphi}^2 = 4a^2rt^2$$
$$b_t = r\ddot{\varphi} = 2ar$$
$$\Rightarrow \quad b = \sqrt{b_n^2 + b_t^2} = r\sqrt{16a^4t^4 + 4a^2}$$

$$b_T = 20g$$
$$\Rightarrow \quad T = \frac{1}{2a}\sqrt[4]{\frac{(20g)^2}{r^2} - 4a^2} = 2.36\,\text{s}$$

④

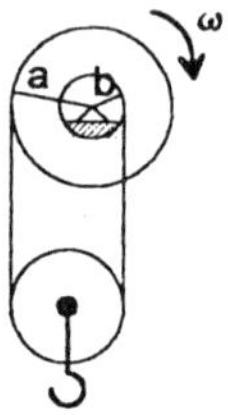

Die obere Rolle eines Flaschenzuges mit parallelen Seilen dreht sich mit der Winkelgeschwindigkeit ω.
Wird die Last angehoben oder gesenkt?
Welche Winkelgeschwindigkeit hat die Lastwelle? Mit welcher Geschwindigkeit bewegt sich die Last?
Gegeben: a=50cm, b=25cm, $\omega = 4\frac{1}{s}$

Lösung:

$$v_a = \omega \cdot a = 2\frac{m}{s}$$
$$v_b = \omega \cdot b = 1\frac{m}{s}$$

$$\frac{x}{v_b} = \frac{a+b-x}{v_a}$$

$$\Rightarrow \quad \underline{x} = \frac{(a+b)v_b}{v_a+v_b} = \underline{0.25m} < \frac{a+b}{2}$$

Die Last wird angehoben.

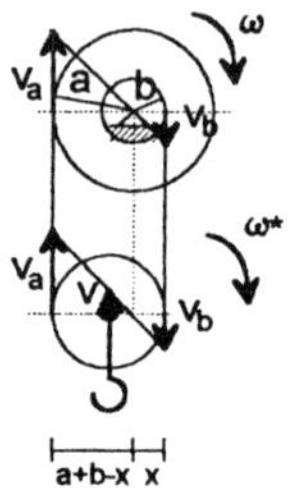

$$\underline{\omega^*} = \frac{v_b}{x} = \frac{v_a+v_b}{a+b} = \omega = \underline{4\frac{1}{s}}$$

$$\underline{v} = \omega^* \left(\frac{a+b}{2} - x\right) = \underline{0.5\frac{m}{s}}$$

⑤

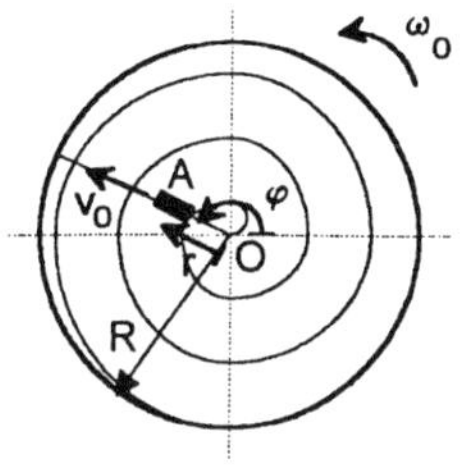

Eine Kreisscheibe dreht sich mit konstanter Winkelgeschwindigkeit $\boldsymbol{\omega_0}$ um den Punkt O. Gleichzeitig fährt ein aufgezogenes Spielzeugauto A auf der Scheibe mit konstanter Geschwindigkeit $\mathbf{v_0}$ nach außen.
Bestimmen Sie für die so entstehende Bahnkurve (Archimedische Spirale) allgemein in Polarkoordinaten die Beträge der Vektoren $\mathbf{r}(\varphi)$, $\mathbf{v}(\varphi)$ und $\mathbf{b}(\varphi)$ des Autos.
Nach welchem Drehwinkel und welcher Zeit ist das Auto am äußeren Scheibenrand angekommen?
Gegeben: ω_0, v_0, R

Lösung:

$\varphi(t) = \omega_0 t$ $\qquad$ $r(t) = v_0 t$

$\varphi^\bullet(t) = \omega_0$ =konstant $\qquad$ $r^\bullet(t) = v_0$ =konstant

$\varphi^{\bullet\bullet}(t) = 0$ $\qquad$ $r^{\bullet\bullet}(t) = 0$

Allgemein gilt:

$$\mathbf{v} = \{r^\bullet; r\varphi^\bullet\}$$
$$\mathbf{b} = \{r^{\bullet\bullet} - r\varphi^{\bullet 2}; r\varphi^{\bullet\bullet} + 2r^\bullet\varphi^\bullet\}$$

$$v = |\mathbf{v}| = \sqrt{r^{\bullet 2} + (r\varphi^\bullet)^2}$$
$$b = |\mathbf{b}| = \sqrt{(r^{\bullet\bullet} - r\varphi^{\bullet 2})^2 + (r\varphi^{\bullet\bullet} + 2r^\bullet\varphi^\bullet)^2}$$

$$\Rightarrow \quad v(t) = \sqrt{v_0^2 + (v_0 t\omega_0)^2} = v_0\sqrt{1 + (\omega_0 t)^2}$$
$$b(t) = \sqrt{(v_0 t\omega_0^2)^2 + (2v_0\omega_0)^2} = v_0\omega_0\sqrt{4 + (\omega_0 t)^2}$$

$$\Rightarrow \quad \underline{r(\varphi) = v_0 t = \tfrac{v_0}{\omega_0}\varphi}$$
$$\underline{v(\varphi) = v_0\sqrt{1 + \varphi^2}}$$
$$\underline{b(\varphi) = v_0\omega_0\sqrt{4 + \varphi^2}}$$

Wenn das Auto am Rand ist, gilt:

$$r(t) = R = v_0 t \quad \Leftrightarrow \quad \underline{t = \tfrac{R}{v_0}}$$
$$r(\varphi) = R = \tfrac{v_0}{\omega_0}\varphi \quad \Leftrightarrow \quad \underline{\varphi = \tfrac{\omega_0}{v_0}R}$$

⑥

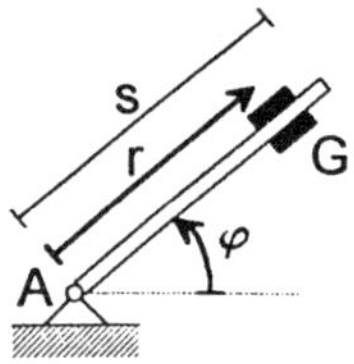

Eine Stange der Länge s rotiert um A nach dem Gesetz $\boldsymbol{\varphi(t)=kt^2}$. Auf der Stange rutscht ein Körper G nach dem Gesetz $\mathbf{r(t)=s(1-kt^2)}$.
Berechnen Sie die Beträge von Geschwindigkeit und Beschleunigung des Körpers bei φ_1. Bei welchem Winkel φ_E und nach welcher Zeit $\mathbf{t_E}$ stößt er an das Lager A?
Gegeben: $s=2$ m, $k=0.2\frac{1}{s^2}$, $\varphi_1=\frac{\pi}{4}$

Lösung:

$$\varphi(t) = kt^2 \qquad r(t) = s(1-kt^2)$$
$$\varphi^\bullet(t) = 2kt \qquad r^\bullet(t) = -2kst$$
$$\varphi^{\bullet\bullet}(t) = 2k \qquad r^{\bullet\bullet}(t) = -2ks$$

Allgemein gilt:
$$\mathbf{v} = \{r^\bullet; r\varphi^\bullet\}$$
$$\mathbf{b} = \{r^{\bullet\bullet} - r\varphi^{\bullet 2}; r\varphi^{\bullet\bullet} + 2r^\bullet\varphi^\bullet\}$$

$$v = |\mathbf{v}| = \sqrt{r^{\bullet 2} + (r\varphi^\bullet)^2}$$
$$b = |\mathbf{b}| = \sqrt{(r^{\bullet\bullet} - r\varphi^{\bullet 2})^2 + (r\varphi^{\bullet\bullet} + 2r^\bullet\varphi^\bullet)^2}$$

$$\Rightarrow \quad v(t) = \sqrt{(-2kst)^2 + (s(1-kt^2)2kt)^2}$$
$$b(t) = \sqrt{(-2ks - s(1-kt^2)(2kt)^2)^2 + (s(1-kt^2)2k - 8k^2st^2)^2}$$

Mit $\varphi_1 = \frac{\pi}{4} = kt_1^2 \quad \Rightarrow \quad t_1 = \sqrt{\frac{\pi}{4k}}$ erhält man:

$$\underline{v(t_1) = 1.62\frac{m}{s}}$$
$$\underline{b(t_1) = 2.57\frac{m}{s^2}}$$

Mit $r(t_E) = 0 = s(1-kt_E^2)$ erhält man:

$$\underline{t_E = \sqrt{\frac{1}{k}} = 2.24s}$$
$$\underline{\varphi_E = kt_E^2 = 1 \quad (\cong 57.29^\circ)}$$

⑦

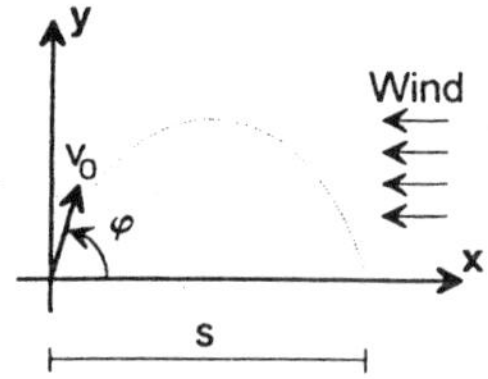

Ein Körper wird mit $\mathbf{v_0}$ abgeworfen und erfährt durch Gegenwind eine Verzögerung von $\mathbf{\ddot{x}(t) = -0.4g}$. Auf welchen prozentualen Anteil verringert sich die Wurfweite s gegenüber dem Idealwert bei völliger Vernachlässigung des Luftwiderstands?

Gegeben: $\varphi = 30°$, $g = 9.81\ \frac{m}{s^2}$

Lösung:

A) ohne Berücksichtigung des Luftwiderstands

$$\ddot{x}(t) = 0 \qquad \text{Anfangsbedingungen:}$$
$$\dot{x}(t) = C_1 \qquad x(0) = C_2 = 0$$
$$x(t) = C_1 t + C_2 \qquad \dot{x}(0) = C_1 = v_0 \cos\varphi$$

$$\ddot{y}(t) = -g \qquad \text{Anfangsbedingungen:}$$
$$\dot{y}(t) = -gt + C_3 \qquad y(0) = C_4 = 0$$
$$y(t) = -\tfrac{1}{2}gt^2 + C_3 t + C_4 \qquad \dot{y}(0) = C_3 = v_0 \sin\varphi$$

$$\Rightarrow \quad x(t) = v_0 \cos\varphi \cdot t \qquad y(t) = -\tfrac{1}{2}gt^2 + v_0 \sin\varphi \cdot t$$

Auftreffbedingung: $y(t_{end}) = 0$

$$\Rightarrow \quad \text{Wurfzeit:} \quad t_{end} = \frac{2v_0 \sin\varphi}{g}$$

$$\text{Wurfweite:} \quad s_A = x(t_{end}) = \frac{2v_0^2 \sin\varphi \cos\varphi}{g}$$

B) mit Berücksichtigung des Luftwiderstands

$$\ddot{x}(t) = -0.4g$$
$$\dot{x}(t) = -0.4gt + v_0 \cos\varphi$$
$$x(t) = -0.2gt^2 + v_0 \cos\varphi \cdot t$$

$$\Rightarrow \quad \text{Wurfweite:} \quad s_B = x(t_{end}) = \frac{2v_0^2 \sin\varphi(\cos\varphi - 0.4 \sin\varphi)}{g}$$

$$\Rightarrow \quad \underline{\frac{s_B}{s_A} = \frac{\cos\varphi - 0.4 \sin\varphi}{\cos\varphi} = 0.769 \cong 76.9\%}$$

⑧

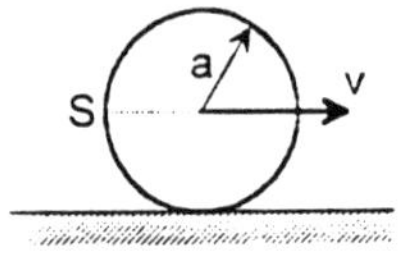

Aus dem Reifen eines mit **v** fahrenden Versuchsfahrzeugs löst sich bei S ein Spike.
Wie hoch fliegt dieser?
Gegeben: v=144 km/h, a=0.2 m

Lösung:

$$\ddot{y}(t) = -g$$
$$\dot{y}(t) = -gt + C_1$$
$$y(t) = -\tfrac{1}{2}gt^2 + C_1 t + C_2$$

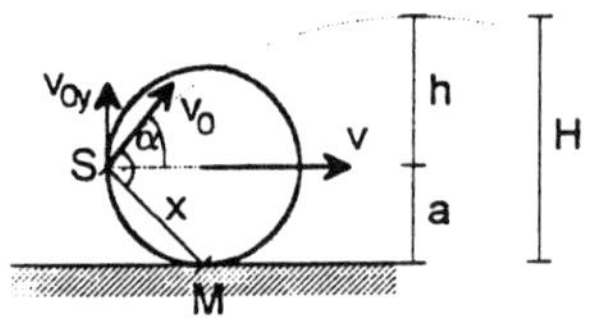

Anfangsbedingungen:
$$y(0) = C_2 = 0$$
$$\dot{y}(0) = C_1 = v_{0y} = v_0 \sin\alpha$$

$$\Rightarrow \quad y(t) = -\tfrac{1}{2}gt^2 + v_0 \sin\alpha \cdot t$$

Am höchsten Punkt gilt: $\dot{y}(t_h) = 0$
$$\Rightarrow \quad t_h = \frac{v_0 \sin\alpha}{g}$$
$$h = y(t_h) = \frac{v_0^2 \sin^2\alpha}{2g}$$

Momentanzentrum des rollenden Rades bei M:
$$\mathbf{v_0} \perp \overline{SM} \quad \Rightarrow \quad \alpha = \tfrac{\pi}{4} \cong 45^\circ$$
$$\Rightarrow \quad \omega = \frac{v}{a} = \frac{v_0}{x} = \frac{v_0}{\sqrt{2}\,a} \qquad \Leftrightarrow \qquad v_0 = \sqrt{2}\,v$$

$$\Rightarrow \quad h = \frac{v^2 \sin^2\alpha}{g} = 81.55\,\text{m}$$
$$\underline{H = h + a = 81.75\,\text{m}}$$

⑨

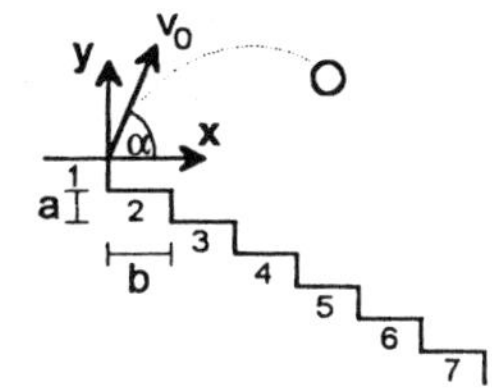

Auf welcher Stufe setzt der geworfene Ball auf?

Gegeben: $v_0=2.62\ \frac{m}{s}$, $\alpha=45°$, a=15 cm, b=30 cm

Lösung:

$\ddot{x}(t) = 0$ — Anfangsbedingungen:

$\dot{x}(t) = C_1$ — $x(0) = C_2 = 0$

$x(t) = C_1 t + C_2$ — $\dot{x}(0) = C_1 = v_0 \cos\alpha$

$\ddot{y}(t) = -g$ — Anfangsbedingungen:

$\dot{y}(t) = -gt + C_3$ — $y(0) = C_4 = 0$

$y(t) = -\frac{1}{2}gt^2 + C_3 t + C_4$ — $\dot{y}(0) = C_3 = v_0 \sin\alpha$

$\Rightarrow \quad x(t) = v_0 \cos\alpha \cdot t \qquad y(t) = -\frac{1}{2}gt^2 + v_0 \sin\alpha \cdot t$

mit $t = \frac{x}{v_0 \cos\alpha}$:

Wurfparabel:

$y(x) = \tan\alpha \cdot x - \frac{g}{2v_0^2\cos^2\alpha}x^2$

Geradengleichung:

$y(x) = -\frac{a}{b}x$

Schnittpunkt: $\tan\alpha \cdot x_s - \frac{g}{2v_0^2\cos^2\alpha}x_s^2 = -\frac{a}{b}x_s$

$\Rightarrow \quad x_{s1} = 0$

$$\underline{x_{s2} = \frac{2v_0^2\cos^2\alpha(\tan\alpha + \frac{a}{b})}{g} = 1.05\,m}$$

Der Ball landet auf der 5.Stufe.

⑩

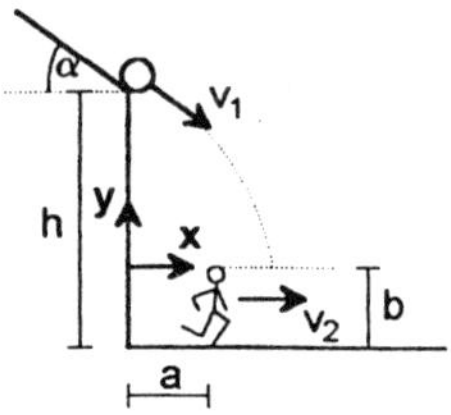

Beim Zuschlagen der Haustür beginnt ein Schneeball unter einem Winkel **α** vom Dach hinunter zu rollen. Als er die Dachkante erreicht, ist eine Person, die sich mit der konstanten Geschwindigkeit $\mathbf{v_2}$ bewegt, **a=4 m** vom Haus entfernt.
Prüfen Sie, ob die Person vom Schneeball getroffen wird.

Gegeben: $a=4$ m, $v_1=6\,\frac{m}{s}$, $v_2=\sqrt{2}\,\frac{m}{s}$, $b=2$ m, $h=18$ m, $\alpha=45°$, $g=10\frac{m}{s^2}$

Lösung:

Bewegungsgleichungen des Schneeballs:

$$y_1(t) = -\frac{1}{2}gt^2 - v_1 \sin\alpha \cdot t + h - b$$

$$x_1(t) = v_1 \cos\alpha \cdot t$$

Bewegungsgleichungen der Person:

$$y_2(t) = 0$$

$$x_2(t) = v_2 t + a$$

Treffbedingungen: [1] $y_1(t_T) = y_2(t_T)$
[2] $x_1(t_T) = x_2(t_T)$

Aus [2] folgt: $t_T = \frac{a}{v_1 \cos\alpha - v_2} = \sqrt{2}\,s$

t_T in [1] eingesetzt ergibt keinen Widerspruch, was bedeutet, daß die Person getroffen wird.

⑪

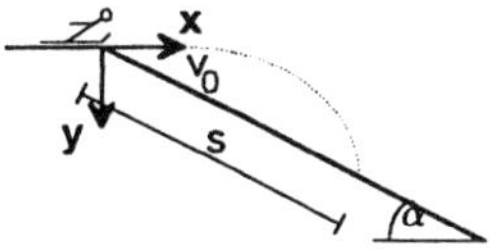

Ein Skispringer verläßt den Schanzentisch horizontal mit der Geschwindigkeit $\mathbf{v_0}$.
Berechnen Sie seine erreichte Weite **s**.
Gegeben: $v_0=72\,\frac{km}{h}$, $\alpha=30°$, $g=9.81\,\frac{m}{s^2}$

Lösung:

$\ddot{x}(t) = 0$
$\dot{x}(t) = C_1$
$x(t) = C_1 t + C_2$

Anfangsbedingungen:
$x(0) = C_2 = 0$
$\dot{x}(0) = C_1 = v_0$

$\ddot{y}(t) = g$
$\dot{y}(t) = gt + C_3$
$y(t) = \frac{1}{2}gt^2 + C_3 t + C_4$

Anfangsbedingungen:
$y(0) = C_4 = 0$
$\dot{y}(0) = C_3 = 0$

$\Rightarrow \quad x(t) = v_0 t \qquad y(t) = \frac{1}{2}gt^2$

Flugbahnkurve: $y_F(x) = \frac{1}{2}g(\frac{x}{v_0})^2$

Schanzenkurve: $y_S(x) = \tan\alpha \cdot x = \frac{1}{3}\sqrt{3}\,x$

Landepunktbedingung: $y_F(x_L) = y_S(x_L)$

$\Rightarrow \quad x_{L1} = 0$

$\quad x_{L2} = \frac{2}{3}\sqrt{3}\,\frac{v_0^2}{g} = 47.1\,\text{m}$

Sprungweite: $\underline{s = \frac{x_{L2}}{\cos\alpha} = 54.4\,\text{m}}$

⑫

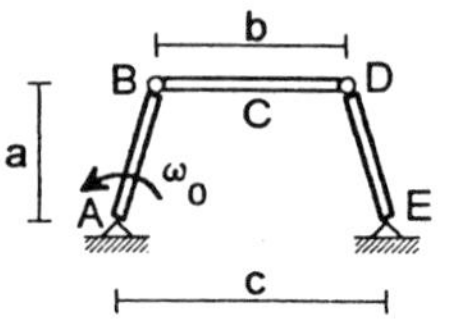

Der Stab $\overline{AB}$ dreht sich mit konstanter Winkelgeschwindigkeit ω_0.
Berechnen Sie den Betrag der Geschwindigkeiten in den Punkten B, C und D (C in Mitte von Stab $\overline{BD}$).

Gegeben: $\omega_0 = 10\frac{1}{s}$, a=3 m, b=2 m, c=4 m

Lösung:

Momentanzentren:

MZ von Stab $\overline{AB}$ in A
MZ von Stab $\overline{BD}$ in F
MZ von Stab $\overline{DE}$ in E

Geometrie:

$$\frac{x+a}{\frac{c}{2}} = \frac{x}{\frac{b}{2}} \quad \Leftrightarrow \quad x = \frac{ab}{c-b}$$

$$\tan\alpha = \frac{x}{\frac{b}{2}} \quad \Rightarrow \quad \alpha = 71.6^\circ$$

$$s_1 = \frac{x}{\sin\alpha} \qquad s_2 = \frac{x+a}{\sin\alpha} - s_1$$

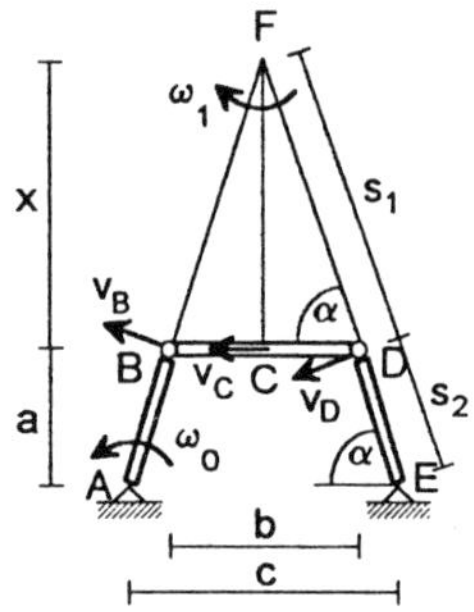

Geschwindigkeiten:

$$\underline{v_B = \omega_0 s_2 = 31.6\,\frac{m}{s}}$$

$$\Rightarrow \quad \omega_1 = \frac{v_B}{s_1}$$

$$\underline{v_C = \omega_1 x = 30\,\frac{m}{s}}$$

$$\underline{v_D = \omega_1 s_1 = 31.6\,\frac{m}{s}}$$

⑬

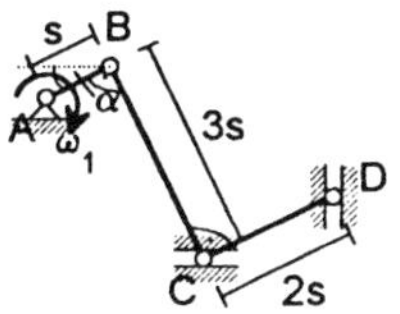

Berechnen Sie die Geschwindigkeit des Punktes D in der skizzierten Lage.

Gegeben: s, ω_1, $\alpha = 30°$

Lösung:

Geometrie:

$\overline{CM_2} = \frac{3s}{\cos\alpha} = 2\sqrt{3}\,s$

$\overline{BM_2} = \overline{CM_2} \cdot \sin\alpha = \sqrt{3}\,s$

$\overline{DM_3} = 2s \cdot \cos\alpha = \sqrt{3}\,s$

$\overline{CM_3} = 2s \cdot \sin\alpha = s$

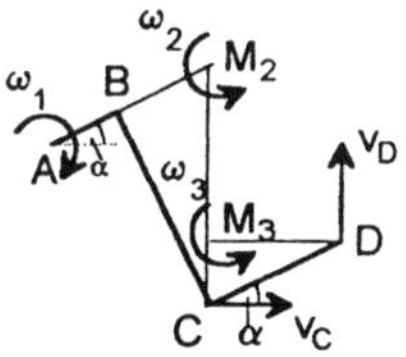

Kinematik:

$\omega_1 \cdot s = \omega_2 \cdot \overline{BM_2}$

$\Rightarrow \quad \omega_2 = \frac{1}{3}\sqrt{3}\,\omega_1$

$\Rightarrow \quad v_C = \overline{CM_2} \cdot \omega_2 = 2s\omega_1$

$\omega_3 = \frac{v_C}{\overline{CM_3}} = 2\omega_1$

$\Rightarrow \quad \underline{v_D = \overline{DM_3} \cdot \omega_3 = 2\sqrt{3}\,s\omega_1}$

⑭

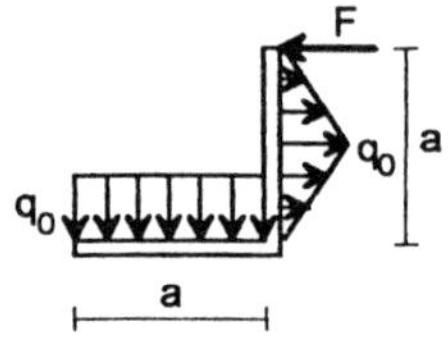

Ermitteln Sie die Resultierende der skizzierten Belastung nach Betrag, Richtung und Wirkungslinie.

Gegeben: q_0, a, $F=q_0a$

Lösung:

Betrag:

$\Sigma F_x = R_x = \frac{1}{2}q_0a - F = -\frac{1}{2}q_0a$

$\Sigma F_z = R_z = q_0a$

$\Rightarrow \quad R = \sqrt{R_x^2 + R_z^2} = \frac{1}{2}\sqrt{5}\,q_0a$

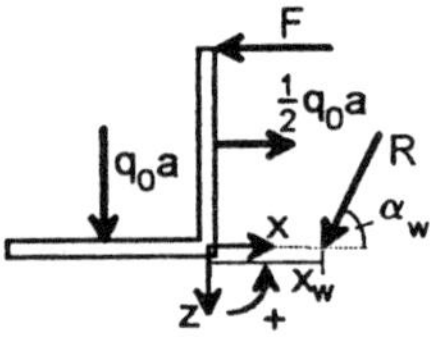

Richtung:

$\Rightarrow \quad \alpha_W = \arctan\frac{q_0a}{\frac{1}{2}q_0a} = \arctan(2) \approx 63.4°$

Wirkungslinie:

$R_z \cdot x_W = \frac{1}{2}q_0a \cdot \frac{1}{2}a - q_0a \cdot \frac{1}{2}a - F \cdot a = -\frac{5}{4}q_0a^2$

$\Rightarrow \quad x_W = -\frac{5}{4}a$

⑮

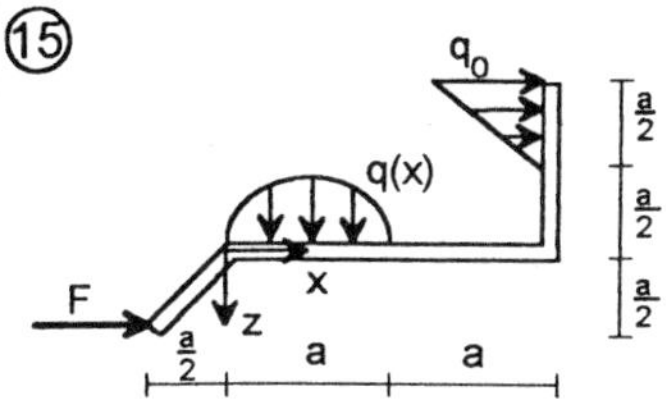

Ermitteln Sie die Resultierende des skizzierten Systems nach Betrag, Richtung und Wirkungslinie.

Gegeben: $a,\ q_0,\ F=\frac{1}{2}q_0a,$
$q(x)=q_0[\frac{x}{a}-(\frac{x}{a})^2]$

Lösung:

$$R_q=\int_0^a q(x)dx=\int_0^a q_0[\tfrac{x}{a}-(\tfrac{x}{a})^2]dx=\tfrac{1}{6}q_0a$$

Betrag:

$$\Sigma F_x=R_x=\tfrac{1}{4}q_0a+F=\tfrac{3}{4}q_0a$$

$$\Sigma F_z=R_z=R_q=\tfrac{1}{6}q_0a$$

$$\Rightarrow\quad \underline{R=\sqrt{R_x^2+R_z^2}=\tfrac{1}{12}\sqrt{85}\,q_0a}$$

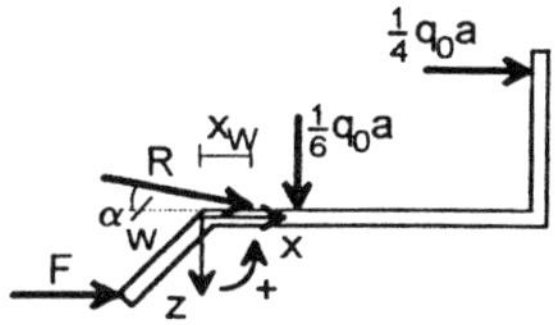

Richtung:

$$\Rightarrow\quad \underline{\alpha_W=\arctan\frac{\frac{1}{6}q_0a}{\frac{3}{4}q_0a}=\arctan\tfrac{2}{9}\approx 12.53^\circ}$$

Wirkungslinie:

$$R_z\cdot x_W=\tfrac{1}{6}q_0a\cdot\tfrac{a}{2}+\tfrac{1}{4}q_0a\cdot\tfrac{5}{6}a-F\cdot\tfrac{a}{2}=\tfrac{1}{24}q_0a^2$$

$$\Rightarrow\quad \underline{x_W=\tfrac{1}{4}a}$$

⑯

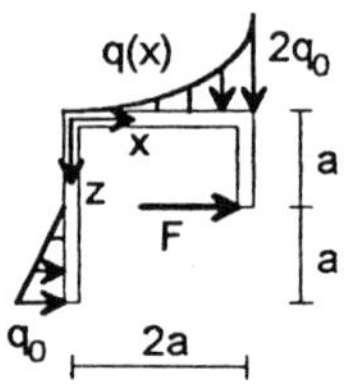

Ermitteln Sie Betrag, Richtung und Wirkungslinie der Resultierenden.

Gegeben: q_0, a, $F=\frac{1}{2}q_0a$, $q(x)=\frac{1}{2}q_0(\frac{x}{a})^2$

Lösung:

$$R_q = \int_0^{2a} q(x)dx = \int_0^{2a} \tfrac{1}{2}q_0(\tfrac{x}{a})^2 dx = \tfrac{4}{3}q_0a$$

$$R_q \cdot x_q = \int_0^{2a} x \cdot q(x)dx = 2q_0a^2 \quad \Rightarrow \quad x_q = \tfrac{3}{2}a$$

Betrag:

$\Sigma F_x = R_x = \frac{1}{2}q_0a + F = q_0a$

$\Sigma F_z = R_z = R_q = \frac{4}{3}q_0a$

$\Rightarrow \quad \underline{R = \sqrt{R_x^2 + R_z^2} = \frac{5}{3}q_0a}$

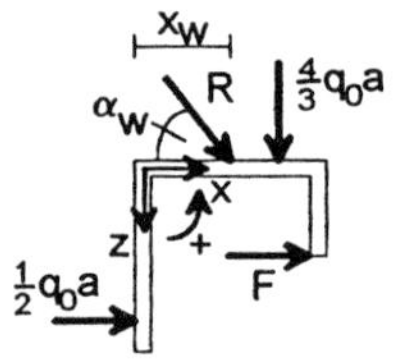

Richtung:

$\Rightarrow \quad \underline{\alpha_W = \arctan\frac{\frac{4}{3}q_0a}{q_0a} = \arctan\frac{4}{3} \approx 53.13^\circ}$

Wirkungslinie:

$R_z \cdot x_W = \frac{4}{3}q_0a \cdot \frac{3}{2}a - \frac{1}{2}q_0a \cdot \frac{5}{3}a - F \cdot a = \frac{2}{3}q_0a^2$

$\Rightarrow \quad \underline{x_W = \frac{1}{2}a}$

⑰

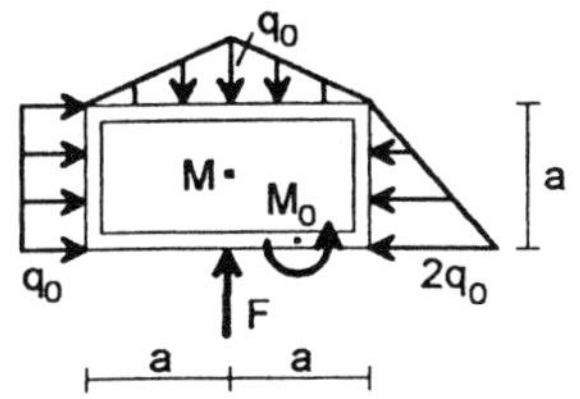

Überprüfen Sie, ob sich das skizzierte System im Gleichgewicht befindet.

Gegeben: a, q_0, $F=q_0a$, $M_0=\frac{1}{6}q_0a^2$

Lösung:

$\Sigma F_x = q_0a - 2 \cdot \frac{1}{2}q_0a = 0$
$\Sigma F_z = 2 \cdot \frac{1}{2}q_0a - q_0a = 0$
$\Sigma M_M = \frac{1}{6}q_0a^2 - q_0a \cdot (\frac{2}{3}a - \frac{1}{2}a) = 0$
Es herrscht also Gleichgewicht.

⑱

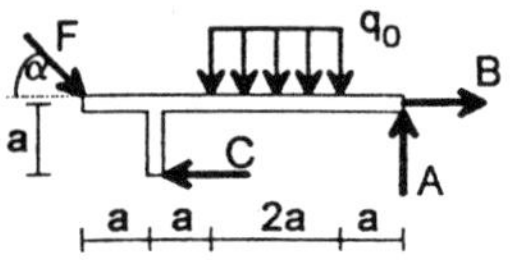

Bestimmen Sie die unbekannten Kräfte A, B und C so, daß am skizzierten System Gleichgewicht herrscht.

Gegeben: a, q_0, $F=\frac{3}{2}q_0a$, $\alpha=45°$

Lösung:

$$\Sigma F_x = 0 = F\cos\alpha - C + B$$
$$\Sigma F_z = 0 = F\sin\alpha + 2q_0a - A$$
$$\Sigma M_A = 0 = F\sin\alpha \cdot 5a - C \cdot a + 2q_0a \cdot 2a$$

$\Rightarrow \quad \underline{A = (2 + \frac{3}{4}\sqrt{2})q_0a}$

$\Rightarrow \quad \underline{B = (4 + 3\sqrt{2})q_0a}$

$\Rightarrow \quad \underline{C = (4 + \frac{15}{4}\sqrt{2})q_0a}$

⑲

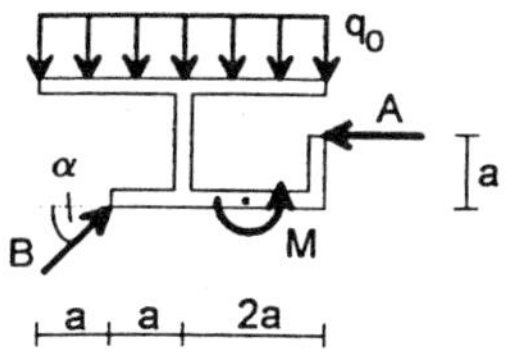

Bestimmen Sie die unbekannten Kräfte A, B und das Moment M so, daß am skizzierten System Gleichgewicht herrscht.

Gegeben: a, q_0, α=45°

Lösung:

$$\Sigma F_x = 0 = B\cos\alpha - A$$
$$\Sigma F_z = 0 = -B\sin\alpha + 4q_0 a$$
$$\Sigma M_B = 0 = M + A\cdot a - 4q_0 a\cdot a$$

$\Rightarrow$ $\underline{A = 4q_0 a}$

$\Rightarrow$ $\underline{B = 4\sqrt{2}\,q_0 a}$

$\Rightarrow$ $\underline{M = 0}$

20

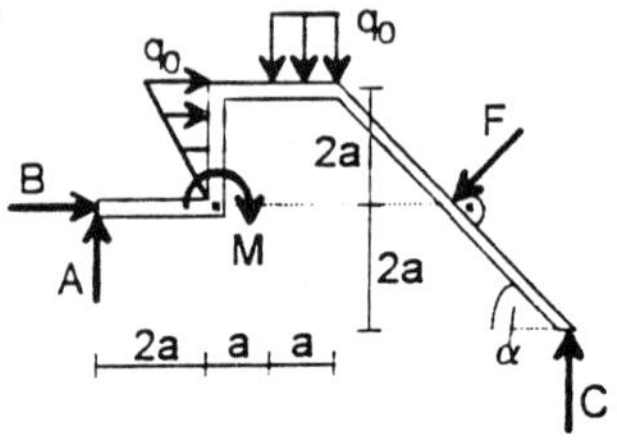

Bestimmen Sie die unbekannten Kräfte A, B und C so, daß am skizzierten System Gleichgewicht herrscht.

Gegeben: a, q_0, α=45°, $F=\frac{1}{2}\sqrt{2}\,q_0 a$, $M=\frac{5}{3}q_0 a^2$

Lösung:

$$\Sigma F_x = 0 = B + q_0 a - F\sin\alpha$$
$$\Sigma F_z = 0 = -A + q_0 a + F\cos\alpha - C$$
$$\Sigma M_A = 0 = -M - q_0 a \cdot \tfrac{4}{3}a - q_0 a \cdot \tfrac{7}{2}a - F\cos\alpha \cdot 6a + C \cdot 8a$$

$$\Rightarrow \quad \underline{A = \tfrac{5}{16}q_0 a}$$
$$\Rightarrow \quad \underline{B = -\tfrac{1}{2}q_0 a}$$
$$\Rightarrow \quad \underline{C = \tfrac{19}{16}q_0 a}$$

21

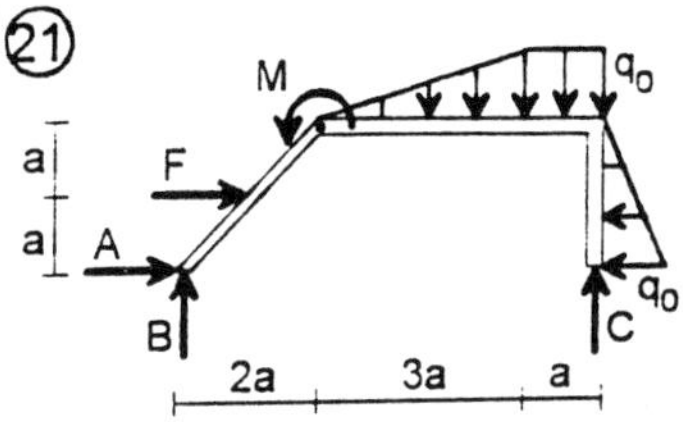

Bestimmen Sie die unbekannten Kräfte A, B und C so, daß am skizzierten System Gleichgewicht herrscht.

Gegeben: $a,\ q_0,\ F=q_0a,\ M=\frac{23}{2}q_0a^2$

Lösung:

$$\Sigma F_x = 0 = A + F - q_0a$$
$$\Sigma F_z = 0 = -B + \tfrac{3}{2}q_0a + q_0a - C$$
$$\Sigma M_A = 0 = M - F\cdot a - \tfrac{3}{2}q_0a\cdot 4a - q_0a\cdot\tfrac{11}{2}a + q_0a\cdot\tfrac{2}{3}a + C\cdot 6a$$

$\Rightarrow$ $\underline{A = 0}$

$\Rightarrow$ $\underline{B = \frac{22}{9}q_0a}$

$\Rightarrow$ $\underline{C = \frac{1}{18}q_0a}$

(22)

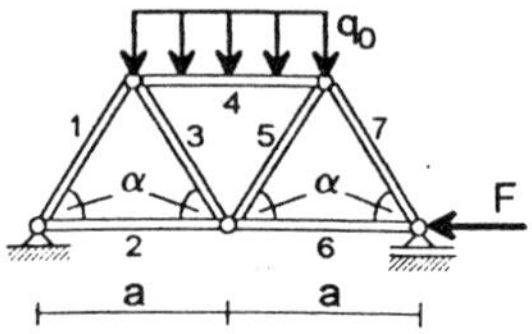

Ermitteln Sie die Auflagerkräfte und Stabkräfte des skizzierten Systems.

Gegeben: q_0, a, $F=q_0a$, $\alpha=60°$

Lösung:

Aus Symmetriegründen gilt:

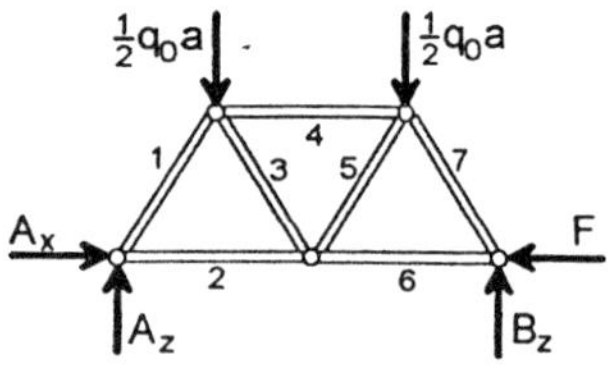

$A_x=F$, $A_z=B_z$

$S_1=S_7$, $S_2=S_6$, $S_3=S_5$

$$\Sigma F_z = 0 = q_0a - A_z - B_z$$

$$\Rightarrow \quad \underline{A_z = B_z = \tfrac{1}{2}q_0a}$$

$$\underline{A_x = q_0a}$$

Knoten A:

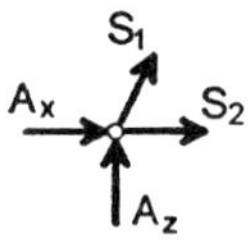

$$\Sigma F_x = 0 = A_x + S_2 + S_1\cos\alpha$$

$$\Sigma F_z = 0 = -A_z - S_1\sin\alpha$$

$$\Rightarrow \quad \underline{S_1 = S_7 = -\tfrac{1}{3}\sqrt{3}\,q_0a} \quad \text{(Druck)}$$

$$\underline{S_2 = S_6 = -(1 - \tfrac{1}{6}\sqrt{3})q_0a} \quad \text{(Druck)}$$

Knoten B:

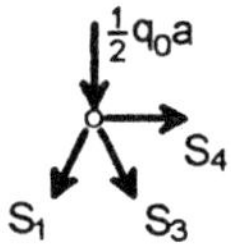

$$\Sigma F_x = 0 = -S_1\cos\alpha + S_3\cos\alpha + S_4$$

$$\Sigma F_z = 0 = \tfrac{1}{2}q_0a + S_1\sin\alpha + S_3\sin\alpha$$

$$\Rightarrow \quad \underline{S_3 = S_5 = 0} \quad \text{(Nullstäbe)}$$

$$\underline{S_4 = -\tfrac{1}{6}\sqrt{3}\,q_0a} \quad \text{(Druck)}$$

23

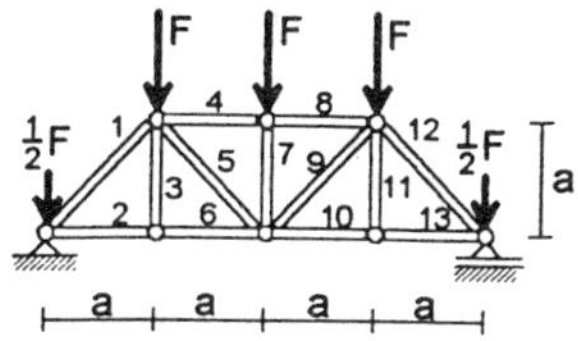

Ermitteln Sie für den skizzierten Brückenträger die Auflagerkräfte sowie sämtliche Stabkräfte.

Gegeben: F, a

Lösung:

Aus Symmetriegründen gilt:

$A_x=0, \quad A_z=B_z$

$S_1=S_{12}, \quad S_2=S_{13}, \quad S_3=S_{11},$

$S_4=S_8, \quad S_5=S_9, \quad S_6=S_{10}$

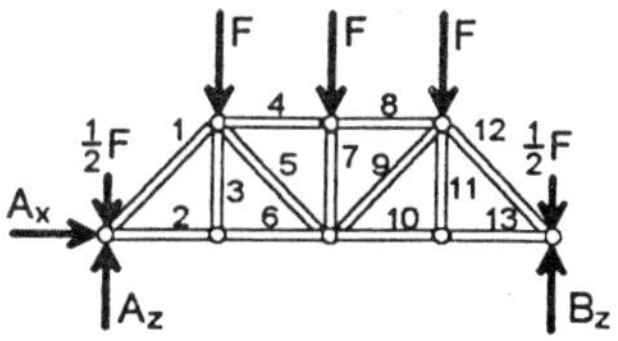

$$\Sigma F_z = 0 = 4F - A_z - B_z$$

$$\Rightarrow \quad \underline{A_z = B_z = 2F}$$

$$\underline{A_x = 0}$$

Knoten A:

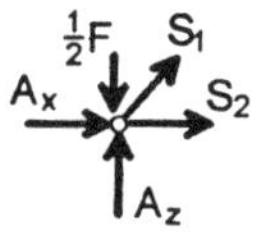

$$\Sigma F_x = 0 = A_x + S_2 + \tfrac{1}{2}\sqrt{2}\,S_1$$

$$\Sigma F_z = 0 = \tfrac{1}{2}F - A_z - \tfrac{1}{2}\sqrt{2}\,S_1$$

$$\Rightarrow \quad \underline{S_1 = S_{12} = -\tfrac{3}{2}\sqrt{2}\,F} \quad \text{(Druck)}$$

$$\underline{S_2 = S_{13} = \tfrac{3}{2}F} \quad \text{(Zug)}$$

Knoten B:

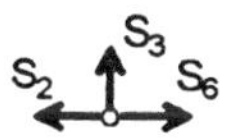

$$\Sigma F_x = 0 = -S_2 + S_6$$

$$\Sigma F_z = 0 = -S_3$$

$$\Rightarrow \quad \underline{S_3 = S_{11} = 0} \quad \text{(Nullstäbe)}$$

$$\underline{S_6 = S_{10} = \tfrac{3}{2}F} \quad \text{(Zug)}$$

Knoten C:

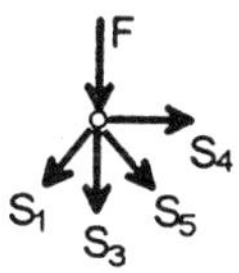

$$\Sigma F_x = 0 = -\tfrac{1}{2}\sqrt{2}\,S_1 + \tfrac{1}{2}\sqrt{2}\,S_5 + S_4$$

$$\Sigma F_z = 0 = F + \tfrac{1}{2}\sqrt{2}\,S_1 + \tfrac{1}{2}\sqrt{2}\,S_5 + S_3$$

$$\Rightarrow \quad \underline{S_5 = S_9 = \tfrac{1}{2}\sqrt{2}\,F} \quad \text{(Zug)}$$

$$\underline{S_4 = S_8 = -2F} \quad \text{(Druck)}$$

Knoten D:

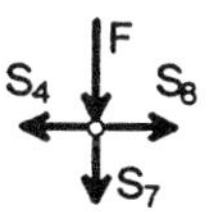

$$\Sigma F_z = 0 = F + S_7$$

$$\Rightarrow \quad \underline{S_7 = -F} \quad \text{(Druck)}$$

(24)

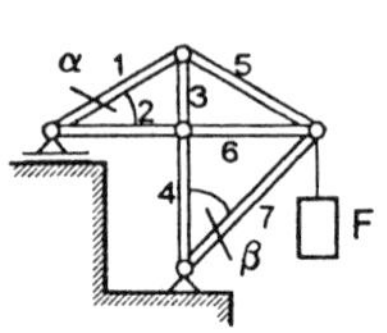

Ermitteln Sie für den skizzierten Hafenkran, an dem ein Container mit der Gewichtskraft **F** hängt, sämtliche Stabkräfte.

Gegeben: F=150 kN, α=30°, β=45°

Lösung:

$\Sigma F_x = 0 = B_x$

$\Sigma F_z = 0 = F - A_z - B_z$

$\Sigma M_B = 0 = -A_z \cdot s - F \cdot s$

$\Rightarrow \quad \underline{A_z = -F = -150\text{ kN}}$

$\underline{B_x = 0}$

$\underline{B_z = 2F = 300\text{ kN}}$

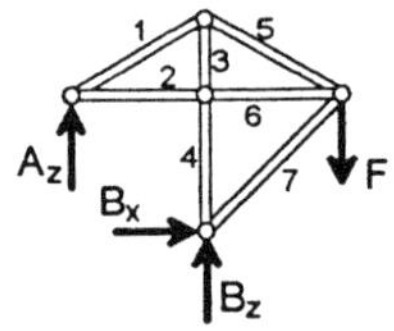

Knoten A:

$\Sigma F_x = 0 = S_1 \cos\alpha + S_2$

$\Sigma F_z = 0 = -A_z - S_1 \sin\alpha$

$\Rightarrow \quad \underline{S_1 = 2F = 300\text{ kN}}$ (Zug)

$\underline{S_2 = -\sqrt{3}\,F = -260\text{ kN}}$ (Druck)

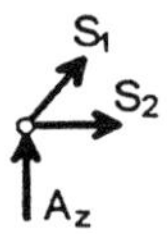

Knoten B:

$\Sigma F_x = 0 = S_5 \cos\alpha - S_1 \cos\alpha$

$\Sigma F_z = 0 = S_1 \sin\alpha + S_5 \sin\alpha + S_3$

$\Rightarrow \quad \underline{S_3 = -2F = -300\text{ kN}}$ (Druck)

$\underline{S_5 = 2F = 300\text{ kN}}$ (Zug)

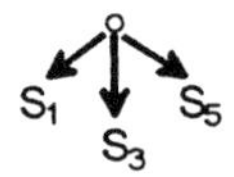

Knoten C:

$\Sigma F_x = 0 = S_6 - S_2$

$\Sigma F_z = 0 = S_4 - S_3$

$\Rightarrow \quad \underline{S_4 = -2F = -300\text{ kN}}$ (Druck)

$\underline{S_6 = -\sqrt{3}\,F = -260\text{ kN}}$ (Druck)

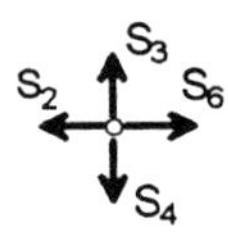

Knoten D:

$\Sigma F_z = 0 = -S_4 - S_7 \sin\beta - B_z$

$\Rightarrow \quad \underline{S_7 = 0}$ (Nullstab)

(25)

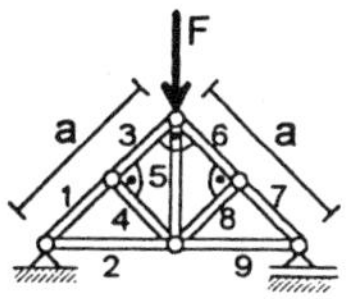

Ermitteln Sie für das skizzierte Fachwerk sämtliche Stabkräfte.

Gegeben: F, a

Lösung:

Aus Symmetriegründen gilt:

$A_x=0, \quad A_z=B_z$

$S_1=S_7, \quad S_2=S_9, \quad S_3=S_6, \quad S_4=S_8$

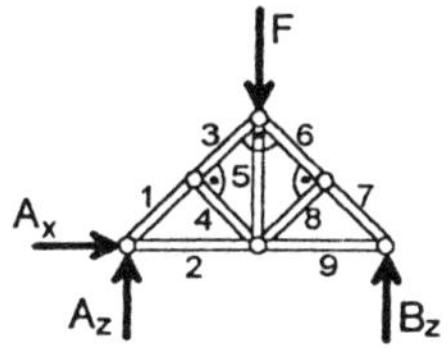

$$\Sigma F_z = 0 = F - A_z - B_z$$

$$\Rightarrow \quad \underline{A_z = B_z = \tfrac{1}{2}F}$$

$$\underline{A_x = 0}$$

Knoten A:

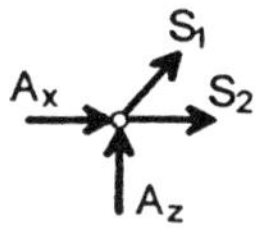

$$\Sigma F_x = 0 = A_x + S_2 + \tfrac{1}{2}\sqrt{2}\,S_1$$

$$\Sigma F_z = 0 = -A_z - \tfrac{1}{2}\sqrt{2}\,S_1$$

$$\Rightarrow \quad \underline{S_1 = S_7 = -\tfrac{1}{2}\sqrt{2}\,F} \quad \text{(Druck)}$$

$$\underline{S_2 = S_9 = \tfrac{1}{2}F} \quad \text{(Zug)}$$

Knoten B:

$$\Sigma F_x = 0 = -\tfrac{1}{2}\sqrt{2}\,S_1 + \tfrac{1}{2}\sqrt{2}\,S_3 + \tfrac{1}{2}\sqrt{2}\,S_4$$

$$\Sigma F_z = 0 = \tfrac{1}{2}\sqrt{2}\,S_1 - \tfrac{1}{2}\sqrt{2}\,S_3 + \tfrac{1}{2}\sqrt{2}\,S_4$$

$$\Rightarrow \quad \underline{S_3 = S_6 = -\tfrac{1}{2}\sqrt{2}\,F} \quad \text{(Druck)}$$

$$\underline{S_4 = S_8 = 0} \quad \text{(Nullstäbe)}$$

Knoten C:

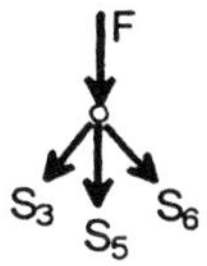

$$\Sigma F_x = 0 = -\tfrac{1}{2}\sqrt{2}\,S_3 + \tfrac{1}{2}\sqrt{2}\,S_6$$

$$\Sigma F_z = 0 = F + \tfrac{1}{2}\sqrt{2}\,S_3 + \tfrac{1}{2}\sqrt{2}\,S_6 + S_5$$

$$\Rightarrow \quad \underline{S_5 = 0} \quad \text{(Nullstab)}$$

(26)

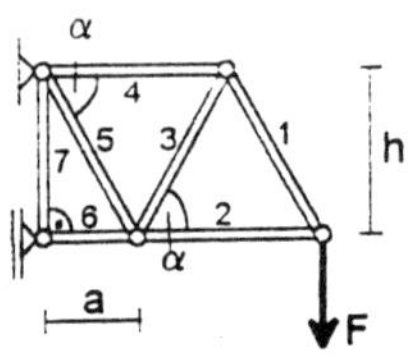

Ermitteln Sie für das skizzierte Fachwerk sämtliche Stabkräfte.

Gegeben: F, a, h=$\sqrt{3}$ a, α=60°

Lösung:

Knoten A:

$\Sigma F_x = 0 = -S_2 - S_1 \cos\alpha$

$\Sigma F_z = 0 = F - S_1 \sin\alpha$

$\Rightarrow \quad \underline{S_1 = \frac{2}{3}\sqrt{3}\,F}$ (Zug)

$\underline{S_2 = -\frac{1}{3}\sqrt{3}\,F}$ (Druck)

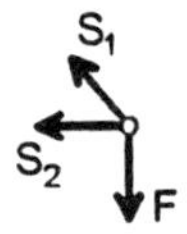

Knoten B:

$\Sigma F_x = 0 = S_1 \cos\alpha - S_3 \cos\alpha - S_4$

$\Sigma F_z = 0 = S_1 \sin\alpha + S_3 \sin\alpha$

$\Rightarrow \quad \underline{S_3 = -\frac{2}{3}\sqrt{3}\,F}$ (Druck)

$\underline{S_4 = \frac{2}{3}\sqrt{3}\,F}$ (Zug)

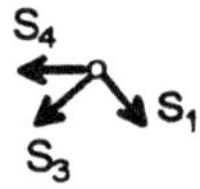

Knoten C:

$\Sigma F_x = 0 = S_2 + S_3 \cos\alpha - S_5 \cos\alpha - S_6$

$\Sigma F_z = 0 = -S_3 \sin\alpha - S_5 \sin\alpha$

$\Rightarrow \quad \underline{S_5 = \frac{2}{3}\sqrt{3}\,F}$ (Zug)

$\underline{S_6 = -\sqrt{3}\,F}$ (Druck)

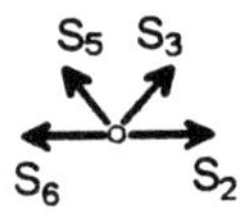

Knoten D:

$\Sigma F_z = 0 = S_7$

$\Rightarrow \quad \underline{S_7 = 0}$ (Nullstab)

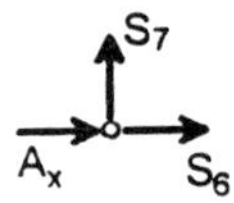

(27)

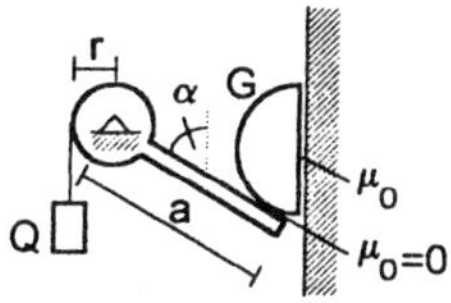

Eine Halbkugel vom Gewicht **G** wird durch einen gewichtslosen glatten Hebel an eine rauhe Wand gedrückt. Bestimmen Sie das Gewicht **Q** so, daß sich die Halbkugel gerade noch nicht aufwärts bewegt. Unter welchem Winkel tritt Selbsthemmung auf?

Gegeben: G, a, r, μ_0, α=60°

Lösung:

Teilsystem A:

$$\Sigma M_0 = 0 = Q \cdot r - F \cdot a$$

$$\Rightarrow \quad F = \tfrac{r}{a} \cdot Q$$

Haftreibung: $R = \mu_0 \cdot N$

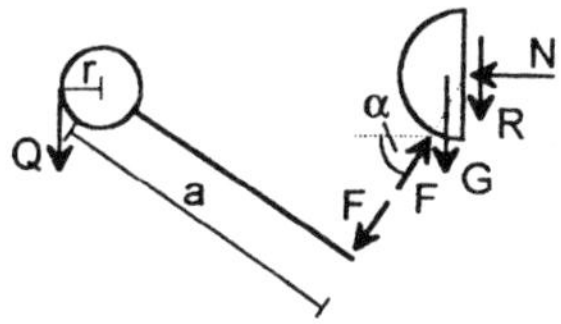

Teilsystem B:

$$\Sigma F_x = 0 = F\cos\alpha - N$$

$$\Sigma F_z = 0 = G + R - F\sin\alpha$$

$$\Rightarrow \quad F = \frac{1}{\sin\alpha - \mu_0\cos\alpha} G$$

$$\Rightarrow \quad \underline{Q = \frac{a}{r(\sin\alpha - \mu_0\cos\alpha)} G = \frac{2a}{r(\sqrt{3} - \mu_0)} G}$$

Selbsthemmung ($Q \to \infty$):

$$\sin\alpha - \mu_0\cos\alpha = 0$$

$$\Rightarrow \quad \underline{\alpha = \arctan\mu_0}$$

(28)

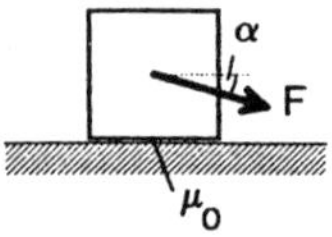

Bestimmen Sie den Winkel **α**, bei dem der Körper auch mit beliebig großer Kraft **F** in Ruhe bleibt.

Gegeben: G, μ_0

Lösung:

Haftreibung: $R = \mu_0 \cdot N$

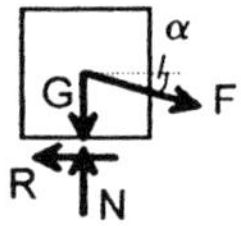

$$\Sigma F_x = 0 = F\cos\alpha - R$$
$$\Sigma F_z = 0 = F\sin\alpha + G - N$$
$$\Rightarrow \quad F\cos\alpha - \mu_0(F\sin\alpha + G) = 0$$

$$\Rightarrow \quad F = \frac{\mu_0}{\cos\alpha - \mu_0\sin\alpha}G$$

Selbsthemmung ($F \rightarrow \infty$):
$$\cos\alpha - \mu_0\sin\alpha = 0$$

$$\Rightarrow \quad \underline{\alpha = \operatorname{arc\,cot}\mu_0}$$

29

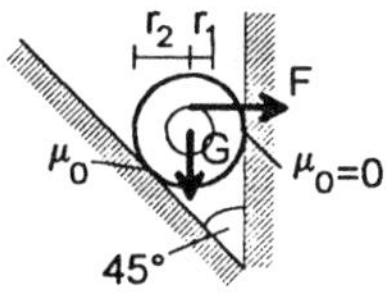

Eine Kreisringscheibe vom Gewicht **G** wird in der skizzierten Weise belastet. Berechnen Sie den Haftreibungskoeffizienten μ_0 so, daß sich die Scheibe gerade noch im Gleichgewicht befindet.

Gegeben: G, F=2G, r_1, $r_2=2r_1$

Lösung:

Haftreibung: $R = \mu_0 \cdot N_1$

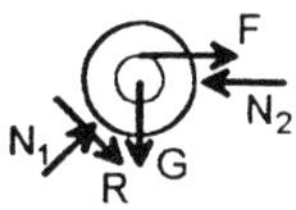

$\Sigma F_z = 0 = G + \frac{1}{2}\sqrt{2}R - \frac{1}{2}\sqrt{2}N_1$

$\Sigma M_0 = 0 = R \cdot r_2 - F \cdot r_1$

$\Rightarrow \quad R = \frac{r_1}{r_2} \cdot F = \frac{1}{2}F = G$

$\Rightarrow \quad N_1 = \frac{1}{2}F + \sqrt{2}G = (1 + \sqrt{2})G$

$\Rightarrow \quad \underline{\mu_0 = \frac{R}{N_1} = \frac{1}{1+\sqrt{2}} \approx 0.414}$

30

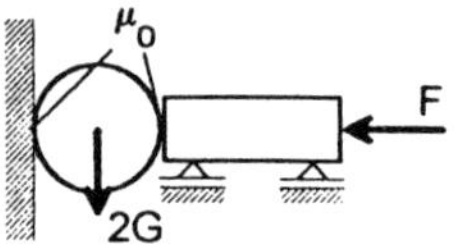

Berechnen Sie die Kraft **F** so, daß die Kugel nicht abwärts rutscht.

Gegeben: $G=2\,kN$, $\mu_0=0.3$

Lösung:

Gleichgewicht am rechten Körper:

$\Sigma F_x = 0 = N_1 - F$

$\Rightarrow \quad N_1 = F$

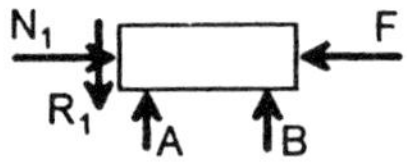

Gleichgewicht an der Kugel:

$\Sigma F_x = 0 = N_2 - N_1$

$\Sigma F_z = 0 = 2G - R_1 - R_2$

$\Rightarrow \quad N_2 = F$

Haftreibung: $R_1 = \mu_0 \cdot N_1 \qquad R_2 = \mu_0 \cdot N_2$

$\Rightarrow \quad R_1 = \mu_0 \cdot F \qquad R_2 = \mu_0 \cdot F$

$\Rightarrow \quad \underline{F = \frac{G}{\mu_0} = 6.67\,kN}$

(31)

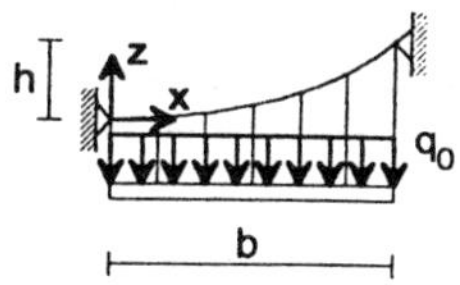

Eine durch die Streckenlast q_0 belastete Hängebrücke wird durch ein ideales (gewichtsloses) Seil gehalten.
Bestimmen Sie die maximale Seilkraft.
Gegeben: q_0=20 kN/m, h=10 m, b=20 m

Lösung:

$$z''(x) = \frac{q_0}{H}$$
$$z'(x) = \frac{q_0}{H}x + C_1$$
$$z(x) = \frac{q_0}{2H}x^2 + C_1x + C_2$$

Randbedingungen:

$z'(0) = 0 \quad \Rightarrow \quad C_1 = 0$

$z(0) = 0 \quad \Rightarrow \quad C_2 = 0$

$z(b) = h \quad \Rightarrow \quad \underline{H = \frac{q_0 b^2}{2h} = 400 \text{ kN}}$

$$\Rightarrow \quad z(x) = \frac{h}{b^2}x^2 \qquad z'(x) = \frac{2h}{b^2}x$$

Maximale Seilkraft: $S(x) = H\sqrt{1 + (z'(x))^2}$

$$S(x) = H\sqrt{1 + \frac{4h^2}{b^4}x^2}$$

$$\Rightarrow \quad \underline{S_{max} = S(b) = \frac{q_0 b^2}{2h}\sqrt{1 + \frac{4h^2}{b^2}} = \frac{q_0 b}{2h}\sqrt{b^2 + 4h^2} = 565.7 \text{ kN}}$$

(32)

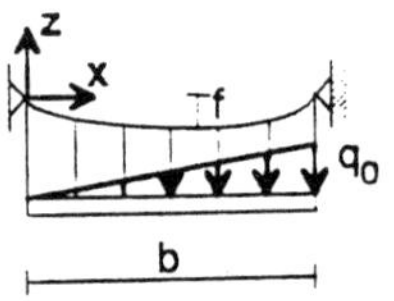

Ein ideales (gewichtsloses) Seil wird durch eine Dreieckslast belastet. Der maximale Durchhang beträgt **f**. Bestimmen Sie den Horizontalzug.

Gegeben: q_0, b, $f=\frac{1}{3}\sqrt{3}\,b$

Lösung:

$$z''(x) = \frac{q_0}{Hb}x$$
$$z'(x) = \frac{q_0}{2Hb}x^2 + C_1$$
$$z(x) = \frac{q_0}{6Hb}x^3 + C_1 x + C_2$$

Randbedingungen:

$$z(0) = 0 \quad \Rightarrow \quad C_2 = 0$$
$$z(b) = 0 \quad \Rightarrow \quad C_1 = -\frac{q_0 b}{6H}$$

$$z(x_f) = -f = -\frac{1}{3}\sqrt{3}\,b = \frac{q_0}{6Hb}x_f^3 - \frac{q_0 b}{6H}x_f$$
$$z'(x_f) = 0 = \frac{q_0}{2Hb}x_f^2 - \frac{q_0 b}{6H}$$
$$\Rightarrow \quad x_f = \frac{1}{3}\sqrt{3}\,b$$

$$\Rightarrow \quad \underline{H = \frac{1}{9}q_0 b}$$

(33)

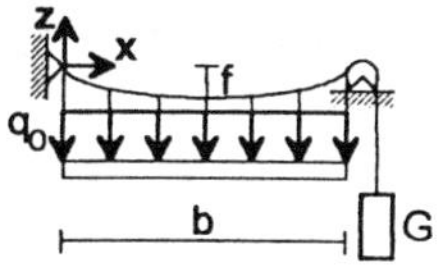

Eine Brücke mit der Belastung $\mathbf{q_0}$ ist an einem durch ein Gewicht **G** gespannten, masselosen Seil befestigt. Bestimmen Sie das Gewicht **G** so, daß der maximale Seildurchhang **f** beträgt.

Gegeben: q_0=1 kN/m, b=80 m, $f=\frac{1}{16}b$

Lösung:

$$z''(x) = \frac{q_0}{H}$$
$$z'(x) = \frac{q_0}{H}x + C_1$$
$$z(x) = \frac{q_0}{2H}x^2 + C_1 x + C_2$$

Randbedingungen:

$$z(0) = 0 \quad \Rightarrow \quad C_2 = 0$$
$$z'(\tfrac{b}{2}) = 0 \quad \Rightarrow \quad C_1 = -\frac{q_0 b}{2H}$$
$$z(\tfrac{b}{2}) = -f = -\frac{b}{16} \quad \Rightarrow \quad H = 2q_0 b$$
$$\Rightarrow \quad z(x) = \tfrac{1}{4}b\left[(\tfrac{x}{b})^2 - (\tfrac{x}{b})\right]$$
$$\Rightarrow \quad z'(x) = \tfrac{1}{4}\left[2(\tfrac{x}{b}) - 1\right]$$

$$S(x) = H\sqrt{1 + [z'(x)]^2}$$
$$\Rightarrow \quad \underline{G = S(b) = 2q_0 b\sqrt{1 + (\tfrac{1}{4})^2} = \tfrac{1}{2}\sqrt{17}\,q_0 b \approx 164.9\text{ kN}}$$

(34)

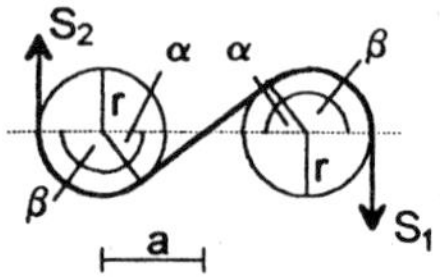

Berechnen Sie den Reibungskoeffizienten des über zwei Zapfen gleitenden Seils.

Gegeben: S_1=50 N, S_2=150 N, r=4.5 cm, a=7.5 cm

Lösung:

$\alpha = \arccos\frac{r}{a} = \arccos(0.6) = 53.13°$
$\beta = 180° - \alpha = 126.87° \cong 2.214$ rad

$S = S_2 e^{-\mu\beta}$
$S = S_1 e^{+\mu\beta}$
$\Rightarrow \quad \frac{S_1}{S_2} = \frac{e^{-\mu\beta}}{e^{+\mu\beta}} = e^{-2\mu\beta}$

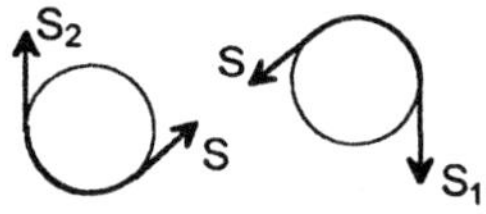

$\Rightarrow \quad \underline{\mu = \frac{1}{2\beta}\ln\frac{S_2}{S_1} = 0.248}$

(35)

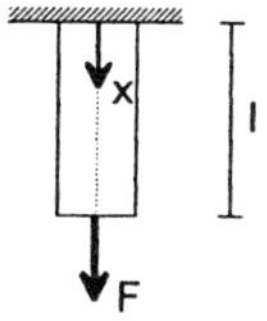

Ermitteln Sie für den dargestellten Stab, der durch sein Eigengewicht und eine eingeprägte Kraft **F** belastet ist, die Verschiebungen **u(x)** und **u(l)**.

Gegeben: F, E, A, ρ, l

Lösung:

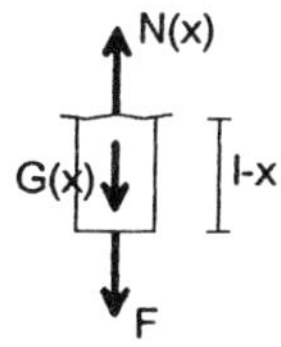

Gleichgewicht:
$N(x) = G(x) + F = \rho A(l - x) + F$

HOOKEsches Gesetz:
$\sigma_{xx}(x) = E \cdot \varepsilon_{xx}(x)$

Verschiebungs-Dehnungs-Relation:
$\varepsilon_{xx}(x) = \frac{du}{dx}$

$$\Rightarrow \quad \frac{du}{dx} = \frac{\sigma_{xx}(x)}{E} = \frac{N(x)}{EA} = \frac{\rho A(l-x)+F}{EA}$$

$$\Rightarrow \quad u(x) = \frac{\rho A(lx - \frac{1}{2}x^2) + F \cdot x}{EA} + C$$

Randbedingung:
$u(0) = 0 \quad \Rightarrow \quad C = 0$

$$\Rightarrow \quad \underline{u(x) = \frac{\rho A l^2 \left[\left(\frac{x}{l}\right) - \frac{1}{2}\left(\frac{x}{l}\right)^2 \right] + F \cdot x}{EA}}$$

$$\Rightarrow \quad \underline{u(l) = \frac{\frac{1}{2}\rho A l^2 + F \cdot l}{EA}}$$

36

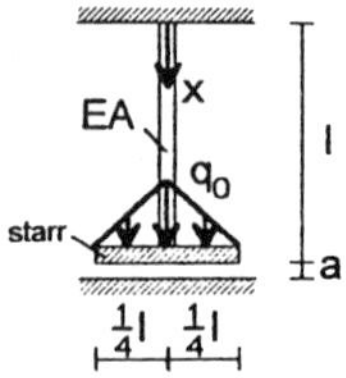

Ein starrer masseloser Stab, der in der skizzierten Weise belastet ist, wird in der Mitte von einem weiteren masselosen Stab gehalten.
Berechnen Sie den Maximalwert der Streckenlast q_0 so, daß der starre Stab gerade den Boden berührt.
Gegeben: E, A, l, $a=\frac{1}{30}l$

Lösung:

Normalkraft:
$N(x) = \frac{1}{4}q_0 l$

HOOKEsches Gesetz:
$\sigma_{xx}(x) = E \cdot \varepsilon_{xx}(x)$

Verschiebungs-Dehnungs-Relation:
$\varepsilon_{xx}(x) = \frac{du}{dx}$

$$\Rightarrow \quad \frac{du}{dx} = \frac{\sigma_{xx}(x)}{E} = \frac{N(x)}{EA} = \frac{q_0 l}{4EA}$$

$$\Rightarrow \quad u(x) = \frac{q_0 l}{4EA}x + C$$

Randbedingungen:
$u(0) = 0 \quad \Rightarrow \quad C = 0$
$\Rightarrow \quad u(x) = \frac{q_0 l}{4EA}x$

$$u(l) = a \quad \Rightarrow \quad \underline{q_0 = \frac{2}{15}\frac{EA}{l}}$$

(37)

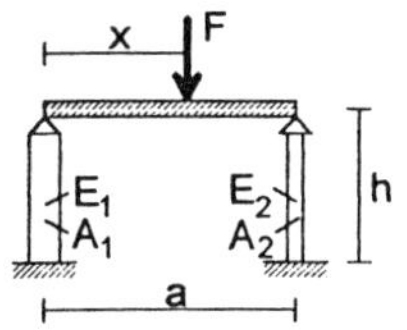

Bestimmen Sie den Angriffspunkt **x** der Kraft **F** auf dem waagerechten Stab so, daß dieser bei Verkürzung der beiden Stützen waagerecht bleibt

Gegeben: F, a, E, A, E_1=E, E_2=3E, A_1=4A, A_2=2A

Lösung:

Dehnungen:

$\varepsilon_1 = \frac{F_1}{E_1 A_1} \qquad \varepsilon_2 = \frac{F_2}{E_2 A_2}$

$\varepsilon_1 = \varepsilon_2 \quad \Rightarrow \quad F_1 = \frac{E_1 A_1}{E_2 A_2} F_2 = \frac{2}{3} F_2$

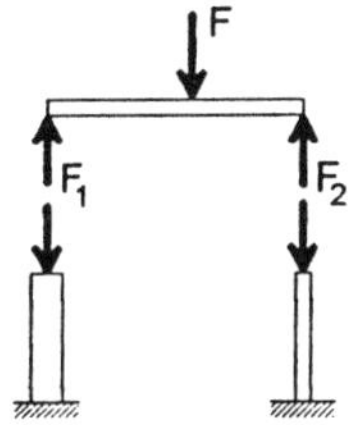

Kräfte:

$\Sigma F_z = 0 \quad \Rightarrow \quad F = F_1 + F_2$

$\Rightarrow \quad F_1 = \frac{2}{5} F \qquad F_2 = \frac{3}{5} F$

Angriffspunkt:

$\Sigma M_0 = 0 = \frac{3}{5} F \cdot a - F \cdot x$

$\Rightarrow \quad \underline{x = \frac{3}{5} a}$

38

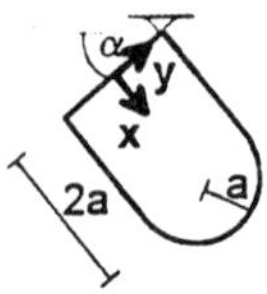

Berechnen Sie den Winkel α, der sich an der frei drehbaren Scheibe einstellt.

Gegeben: a

Lösung:

Berechnung des Schwerpunkts

Teilfläche	x_{Si}	A_i	$x_{Si}A_i$
Quadrat	a	$4a^2$	$4a^3$
Halbkreis	$2a + \frac{4}{3\pi}a$	$\frac{1}{2}\pi a^2$	$(1 + \frac{2}{3\pi})\pi a^3$

$$x_S = \frac{\sum x_{Si}A_i}{\sum A_i} = \frac{4a^3 + \pi a^3 + \frac{2}{3}a^3}{4a^2 + \frac{\pi}{2}a^2} = \frac{\frac{14}{3} + \pi}{4 + \frac{\pi}{2}}a \approx 1.402a$$

Aus Symmetriegründen gilt: $y_S=0$

Berechnung des Winkels

$$\tan\alpha = \frac{a}{x_S} = \frac{4 + \frac{\pi}{2}}{\frac{14}{3} + \pi} = 0.713 \quad \Rightarrow \quad \underline{\alpha = \arctan 0.713 = 35.5^\circ}$$

(39)

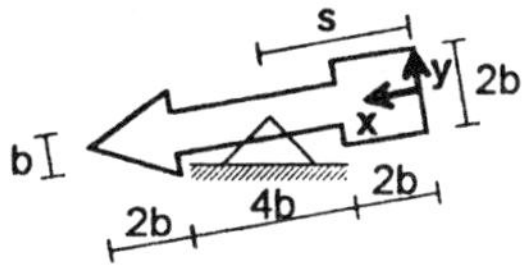

Bestimmen Sie den Abstand **s** der Lagerung so, daß der Pfeil konstanter Dicke für jede beliebige Lage in Ruhe bleibt.

Gegeben: b

Lösung:

Der Körper muß im Schwerpunkt gelagert werden, damit die Summe der äußeren Lasten gleich Null ist.

Berechnung des Schwerpunkts (x-Koordinate)

Teilfläche	x_{Si}	A_i	$x_{Si}A_i$
Dreieck	$\frac{20}{3}b$	$2b^2$	$\frac{40}{3}b^3$
Rechteck	4b	$4b^2$	$16b^3$
Quadrat	b	$4b^2$	$4b^3$

$$\underline{x_S = s = \frac{\sum x_{Si}A_i}{\sum A_i} = \frac{\frac{100}{3}b^3}{10b^2} = \frac{10}{3}b}$$

40

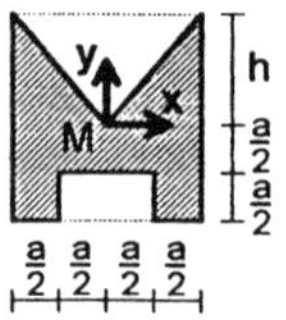

Bestimmen Sie **h** so, daß der Schwerpunkt des schraffierten Rotationskörpers im Punkt M liegt.

Gegeben: a

Lösung:

Berechnung des Schwerpunkts

Teilkörper	y_{Si}	V_i	$y_{Si}V_i$
Kegel	$\frac{3}{4}h$	$-\frac{1}{3}\pi a^2 h$	$-\frac{1}{4}\pi a^2 h^2$
oberer Zylinder	$\frac{1}{2}h$	$\pi a^2 h$	$\frac{1}{2}\pi a^2 h^2$
unterer Zylinder	$-\frac{1}{2}a$	πa^3	$-\frac{1}{2}\pi a^4$
kleiner Zylinder	$-\frac{3}{4}a$	$-\frac{1}{8}\pi a^3$	$\frac{3}{32}\pi a^4$

$$y_S = \frac{\Sigma y_{Si} V_i}{\Sigma V_i}$$

Schwerpunkt in M: $y_S = 0$

$$\Rightarrow \quad -\tfrac{1}{4}\pi a^2 h^2 + \tfrac{1}{2}\pi a^2 h^2 - \tfrac{1}{2}\pi a^4 + \tfrac{3}{32}\pi a^4 = 0$$

$$\Rightarrow \quad \tfrac{1}{4}h^2 - \tfrac{13}{32}a^2 = 0$$

$$\Rightarrow \quad \underline{h = \sqrt{\tfrac{13}{8}}\, a \approx 1.27a}$$

41

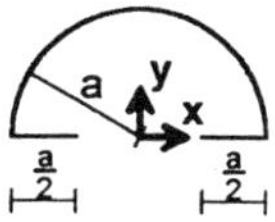

Bestimmen Sie den Schwerpunkt der dargestellten Linie.

Gegeben: a

Lösung:

Berechnung des Linienschwerpunkts

Aus Symmetriegründen folgt: $x_S=0$

Teilfläche	y_{Si}	L_i	$y_{Si}L_i$
Halbkreis	$\frac{\int_0^s y(s)ds}{\int_0^s ds} = \frac{\int_0^\pi a\sin\varphi a d\varphi}{\int_0^\pi a d\varphi} = \frac{2a}{\pi}$	$\int_0^s ds = \int_0^\pi a d\varphi = a\pi$	$2a^2$
Linke Linie	0	$\frac{a}{2}$	0
Rechte Linie	0	$\frac{a}{2}$	0

$$y_S = \frac{\Sigma y_{Si}L_i}{\Sigma L_i} = \frac{2}{\pi+1}a \approx 0.48a$$

(42)

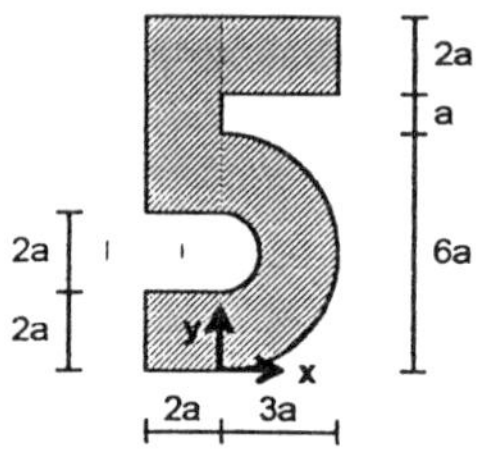

Berechnen Sie bezüglich des vorgegebenen Koordinatensystems den Flächenschwerpunkt der dargestellten Ziffer.

Gegeben: a

Lösung:

Berechnung des Schwerpunkts

Teilfläche	A_i	x_{Si}	y_{Si}	$x_{Si}A_i$	$y_{Si}A_i$
Rechteck 1	$6a^2$	$\frac{3}{2}a$	$8a$	$9a^3$	$48a^3$
Rechteck 2	$10a^2$	$-a$	$\frac{13}{2}a$	$-10a^3$	$65a^3$
Halbkreis 1	$\frac{9}{2}\pi a^2$	$\frac{4a}{\pi}$	$3a$	$18a^3$	$\frac{27}{2}\pi a^3$
Halbkreis 2	$-\frac{1}{2}\pi a^2$	$\frac{4a}{3\pi}$	$3a$	$-\frac{2}{3}a^3$	$-\frac{3}{2}\pi a^3$
Quadrat	$4a^2$	$-a$	a	$-4a^3$	$4a^3$

$$x_S = \frac{\sum x_{Si}A_i}{\sum A_i} = \frac{37}{60+12\pi}a \approx 0.38a$$

$$y_S = \frac{\sum y_{Si}A_i}{\sum A_i} = \frac{117+12\pi}{20+4\pi}a \approx 4.75a$$

43

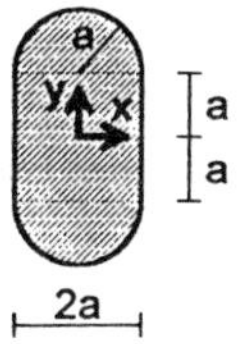

Bestimmen Sie für den skizzierten Querschnitt das axiale Flächenträgheitsmoment bezüglich der x-Achse.

Gegeben: a

Lösung:

Berechnung des Flächenträgheitsmoments

Teilfläche	I_{xi}	y_{Si}	A_i
Halbkreis	$(\frac{1}{8}\pi - \frac{8}{9\pi})a^4$	$a + \frac{4}{3\pi}a$	$\frac{1}{2}\pi a^2$
Quadrat	$\frac{1}{12}2a(2a)^3$	0	$4a^2$

Satz von STEINER: $I_x = \Sigma I_{xi} + \Sigma y_{Si}^2 A_i$

$$\Rightarrow \quad I_x = 2(\tfrac{1}{8}\pi - \tfrac{8}{9\pi})a^4 + \tfrac{4}{3}a^4 + 2(a + \tfrac{4}{3\pi}a)^2 \tfrac{1}{2}\pi a^2$$

$$\Rightarrow \quad \underline{I_x = (\tfrac{5}{4}\pi + 4)a^4 \approx 7.93a^4}$$

(44)

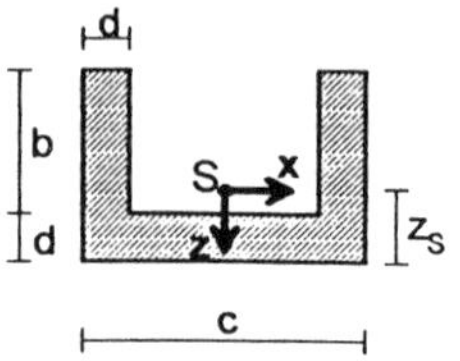

Berechnen Sie den Schwerpunkt S des skizzierten Querschnitts und bestimmen Sie das Flächenträgheitsmoment bezüglich der x-Achse.
Gegeben: b=3cm, c=6cm, d=1cm

Lösung:

Berechnung des Schwerpunkts

Teilfläche	A_i	z_{Si}	$z_{Si}A_i$
linkes Rechteck	bd	$d+\frac{b}{2}$	$(d+\frac{b}{2})bd$
mittleres Rechteck	cd	$\frac{d}{2}$	$\frac{1}{2}cd^2$
rechtes Rechteck	bd	$d+\frac{b}{2}$	$(d+\frac{b}{2})bd$

$$z_S = \frac{\sum z_{Si}A_i}{\sum A_i} = \frac{2(d+\frac{b}{2})bd+\frac{1}{2}cd^2}{2bd+cd} = 1.5\text{cm}$$

Berechnung des Flächenträgheitsmoments

Teilfläche	I_{xi}	A_i	$z^*_{Si}=\lvert z_{Si}-z_S\rvert$	$(z^*_{Si})^2A_i$
linkes Rechteck	$\frac{1}{12}db^3$	bd=3cm²	1cm	3cm⁴
mittleres Rechteck	$\frac{1}{12}cd^3$	cd=6cm²	1cm	6cm⁴
rechtes Rechteck	$\frac{1}{12}db^3$	bd=3cm²	1cm	3cm⁴

$$I_x = \Sigma I_{xi} + \Sigma(z^*_{Si})^2A_i = 5\text{cm}^4 + 12\text{cm}^4 = 17\text{cm}^4$$

(45)

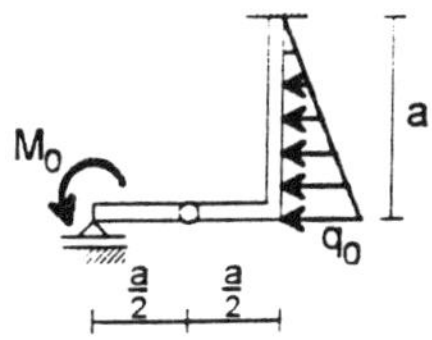

Berechnen Sie für das skizzierte System die Schnittlasten und skizzieren Sie qualitativ deren Verlauf.

Gegeben: a, q_0, $M_0=\frac{1}{2}q_0a^2$

Lösung:

Berechnung der Auflagerreaktionen

Aus den Gleichgewichtsbedingungen an beiden Teilkörpern folgt:

$A_z=q_0a \quad C_x=0 \quad C_z=q_0a$

$B_x=\frac{1}{2}q_0a \quad B_z=q_0a \quad M_B=\frac{5}{6}q_0a^2$

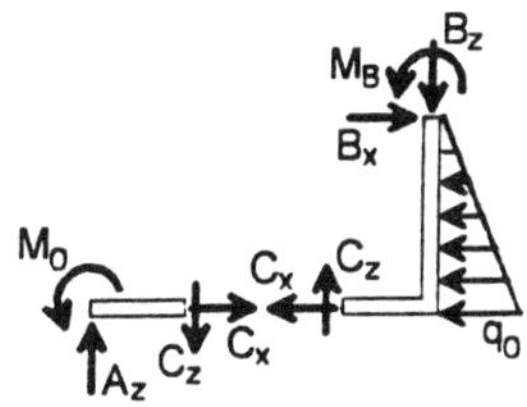

Berechnung der Schnittlasten

Bereich I: $0 \leq x \leq a$

$N(x) = 0$

$Q(x) = q_0a$

$M(x) = \frac{1}{2}q_0a^2[2(\frac{x}{a}) - 1]$

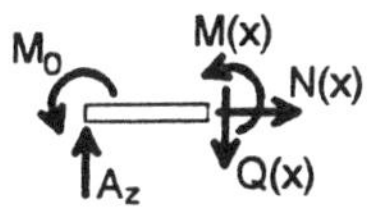

Bereich II: $0 \leq x \leq a$

$N(x) = - q_0a$

$Q(x) = \frac{1}{2}q_0a[2(\frac{x}{a}) - (\frac{x}{a})^2]$

$M(x) = \frac{1}{6}q_0a^2[3 + 3(\frac{x}{a})^2 - (\frac{x}{a})^3]$

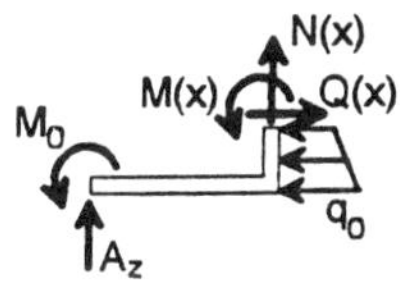

Zustandslinien

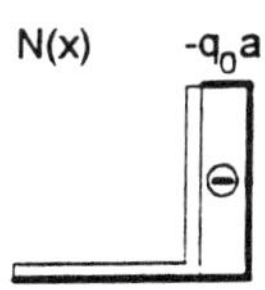

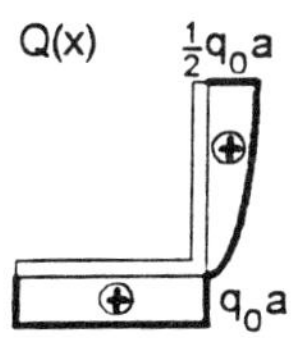

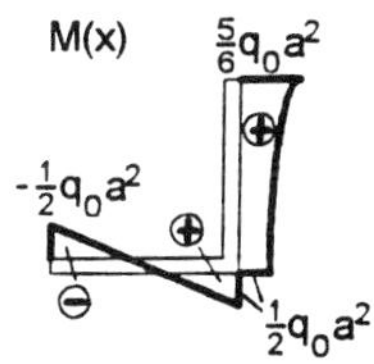

(46)

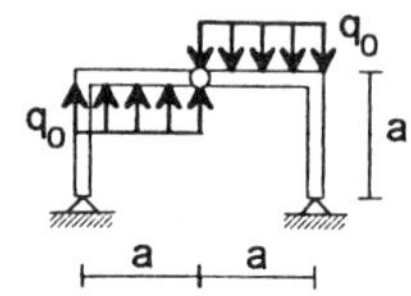

Berechnen Sie für den skizzierten Rahmen die Schnittlasten und skizzieren Sie qualitativ deren Verlauf.

Gegeben: a, q_0

Lösung:

Berechnung der Auflagerreaktionen

Aus den Gleichgewichtsbedingungen an beiden Teilkörpern folgt:

$A_x = 0 \quad A_z = -\frac{1}{2}q_0 a \quad B_x = 0$

$B_z = \frac{1}{2}q_0 a \quad C_x = 0 \quad C_z = \frac{1}{2}q_0 a$

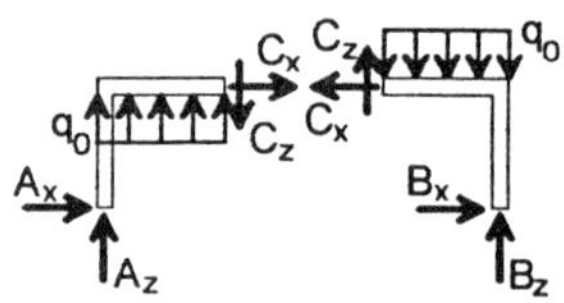

Berechnung der Schnittlasten

Bereich I: $0 \leq x \leq a$

$N(x) = \frac{1}{2}q_0 a$

$Q(x) = 0$

$M(x) = 0$

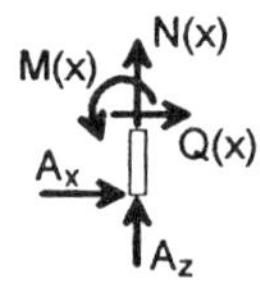

Bereich II: $0 \leq x \leq a$

$N(x) = 0$

$Q(x) = \frac{1}{2}q_0 a[2(\frac{x}{a}) - 1]$

$M(x) = \frac{1}{2}q_0 a^2[(\frac{x}{a})^2 - (\frac{x}{a})]$

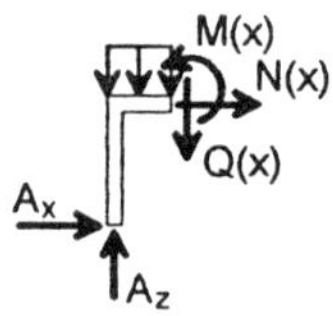

Bereich III: $0 \leq x \leq a$

$N_{III}(x) = N_{II}(x) = 0$

$Q_{III}(x) = Q_{II}(x) = \frac{1}{2}q_0 a[2(\frac{x}{a}) - 1]$

$M_{III}(x) = -M_{II}(x) = \frac{1}{2}q_0 a^2[(\frac{x}{a}) - (\frac{x}{a})^2]$

Bereich IV: $0 \leq x \leq a$

$N_{IV}(x) = -N_I(x) = -\frac{1}{2}q_0 a$

$Q_{IV}(x) = Q_I(x) = 0$

$M_{IV}(x) = M_I(x) = 0$

Zustandslinien

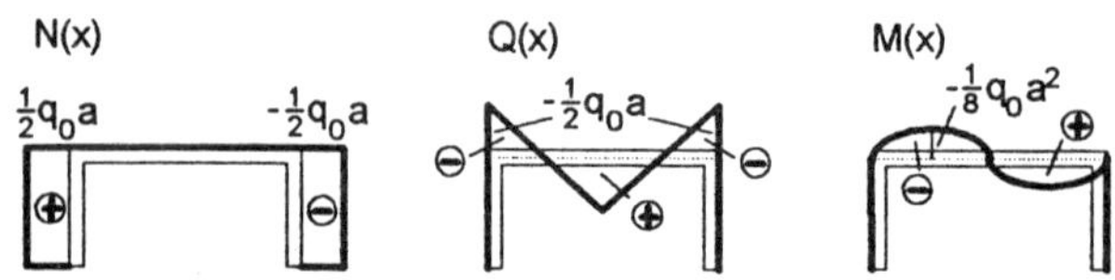

47

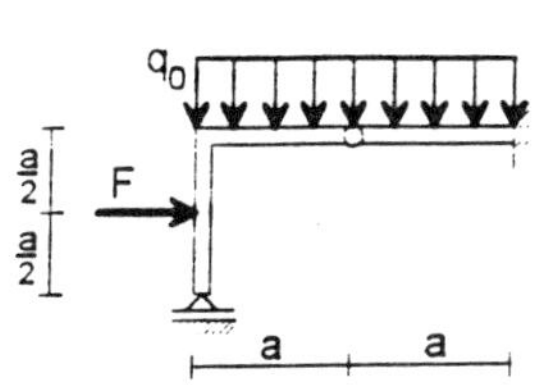

Berechnen Sie für das skizzierte System die Schnittlasten und skizzieren Sie qualitativ deren Verlauf.

Gegeben: a, q_0, $F=4q_0a$

Lösung:

Berechnung der Auflagerreaktionen

Aus den Gleichgewichtsbedingungen an beiden Teilkörpern folgt:

$A_z=\frac{5}{2}q_0a \quad C_x=-4q_0a \quad C_z=\frac{3}{2}q_0a$

$B_x=4q_0a \quad B_z=-\frac{1}{2}q_0a \quad M_B=q_0a^2$

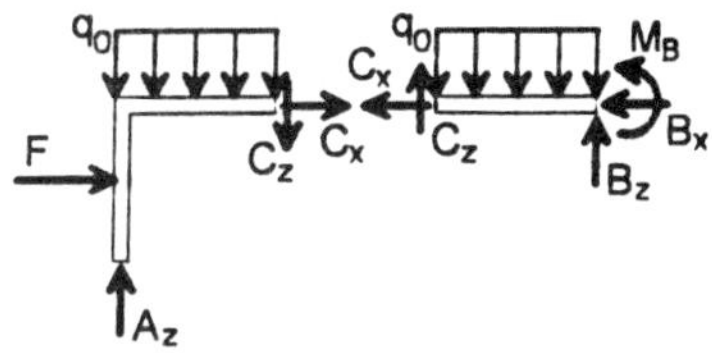

Berechnung der Schnittlasten

Bereich I: $0 \leq x \leq \frac{a}{2}$

$N(x) = -\frac{5}{2}q_0a$

$Q(x) = 0 \quad M(x) = 0$

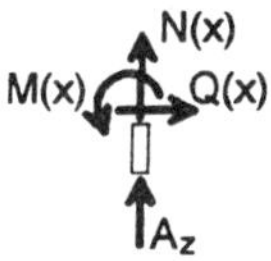

Bereich II: $\frac{a}{2} \leq x \leq a$

$N(x) = -\frac{5}{2}q_0a$

$Q(x) = -4q_0a$

$M(x) = 2q_0a^2[1-2(\frac{x}{a})]$

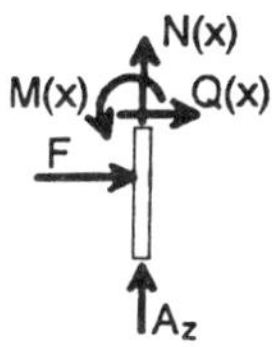

Bereich III: $0 \leq x \leq 2a$

$N(x) = -4q_0a$

$Q(x) = \frac{1}{2}q_0a[5-2(\frac{x}{a})]$

$M(x) = -\frac{1}{2}q_0a^2[4-5(\frac{x}{a})+(\frac{x}{a})^2]$

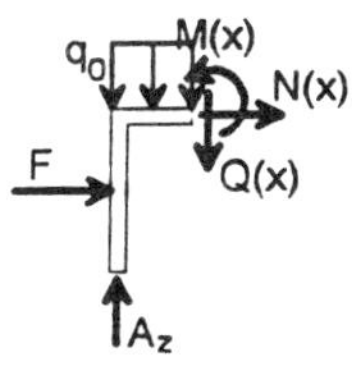

Zustandslinien

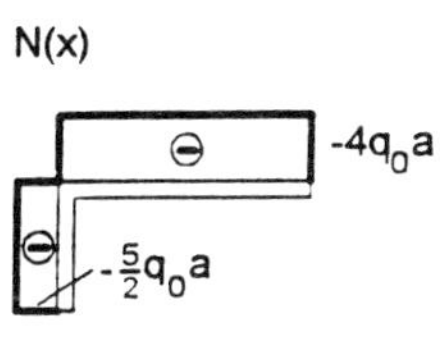

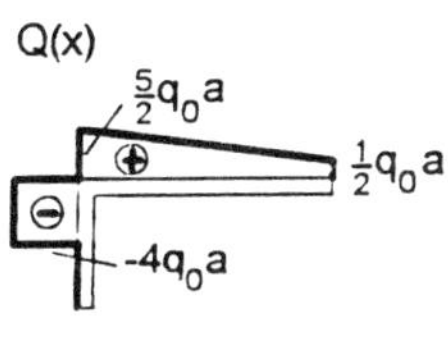

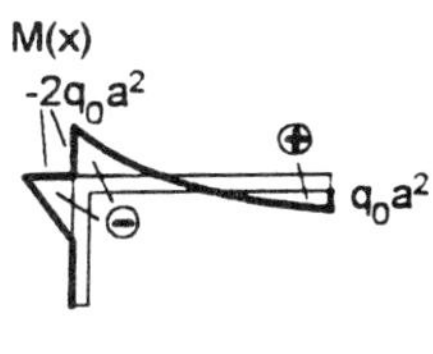

(48)

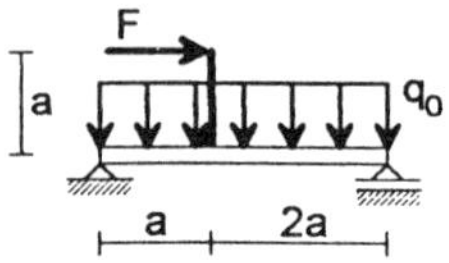

Berechnen Sie für das skizzierte System die Schnittlasten und skizzieren Sie qualitativ deren Verlauf.

Gegeben: a, q_0, $F=3q_0a$

Lösung:

Berechnung der Auflagerreaktionen

Aus den Gleichgewichtsbedingungen folgt:

$A_x = -3q_0a \quad A_z = \frac{1}{2}q_0a \quad B_z = \frac{5}{2}q_0a$

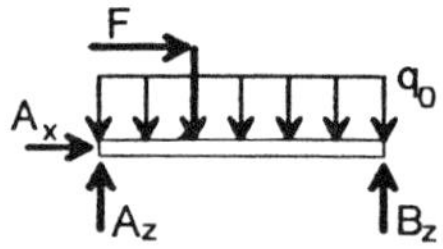

Berechnung der Schnittlasten

Bereich I: $0 \leq x \leq a$

$N(x) = 3q_0a$

$Q(x) = \frac{1}{2}q_0a[1 - 2(\frac{x}{a})]$

$M(x) = \frac{1}{2}q_0a^2[(\frac{x}{a}) - (\frac{x}{a})^2]$

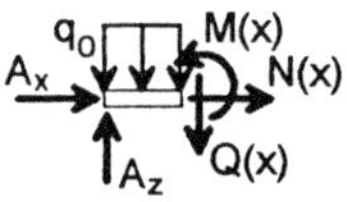

Bereich II: $a \leq x \leq 3a$

$N(x) = 0$

$Q(x) = \frac{1}{2}q_0a[1 - 2(\frac{x}{a})]$

$M(x) = \frac{1}{2}q_0a^2[6 + (\frac{x}{a}) - (\frac{x}{a})^2]$

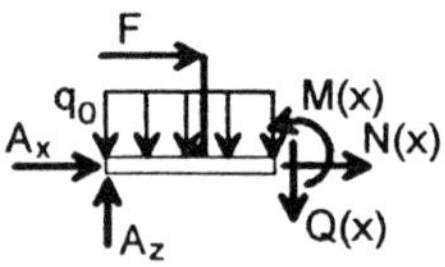

Zustandslinien

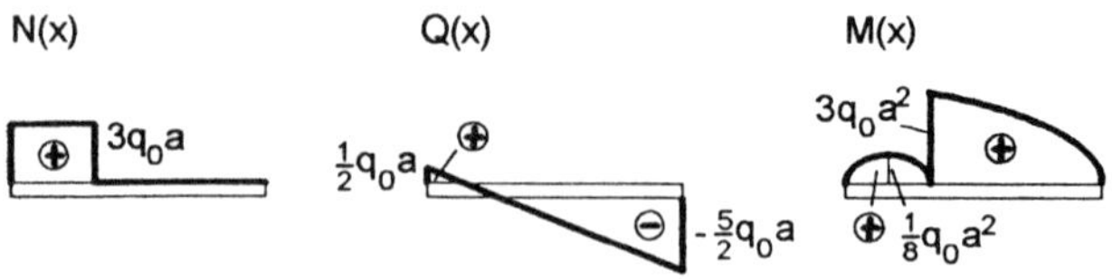

(49)

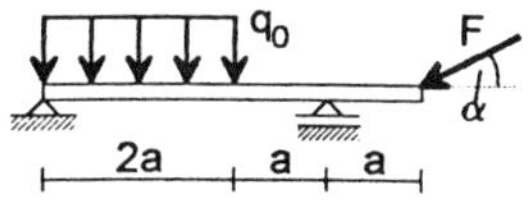

Berechnen Sie für das skizzierte System die Schnittlasten und skizzieren Sie qualitativ deren Verlauf.

Gegeben: a, q_0, $F=2q_0a$, $\alpha=30°$

Lösung:

Berechnung der Auflagerreaktionen

Aus den Gleichgewichtsbedingungen folgt:

$A_x = \sqrt{3}\, q_0 a \quad A_z = q_0 a \quad B_z = 2q_0 a$

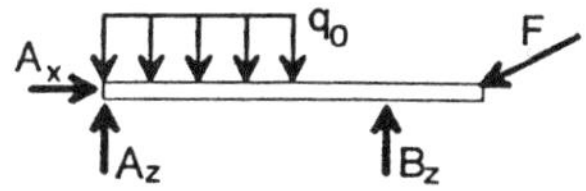

Berechnung der Schnittlasten

Bereich I: $0 \leq x \leq 2a$

$N(x) = -\sqrt{3}\, q_0 a$

$Q(x) = q_0 a[1 - \frac{x}{a}]$

$M(x) = \frac{1}{2} q_0 a^2[2(\frac{x}{a}) - (\frac{x}{a})^2]$

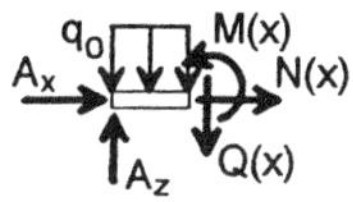

Bereich II: $2a \leq x \leq 3a$

$N(x) = -\sqrt{3}\, q_0 a$

$Q(x) = -q_0 a$

$M(x) = q_0 a^2[2 - (\frac{x}{a})]$

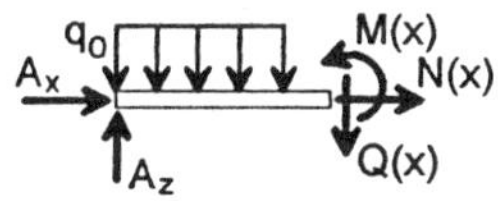

Bereich III: $3a \leq x \leq 4a$

$N(x) = -\sqrt{3}\, q_0 a$

$Q(x) = q_0 a$

$M(x) = q_0 a^2[(\frac{x}{a}) - 4]$

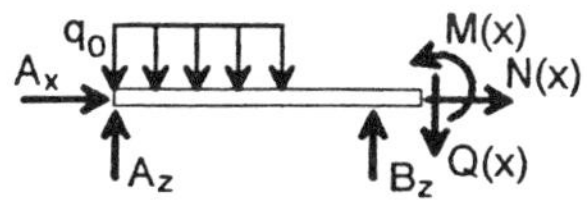

Zustandslinien

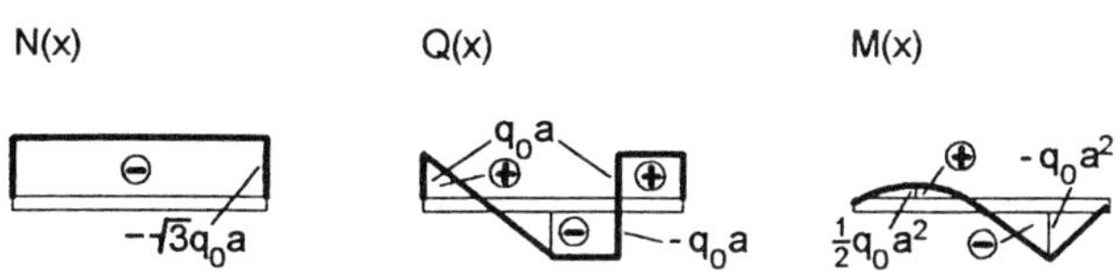

(50)

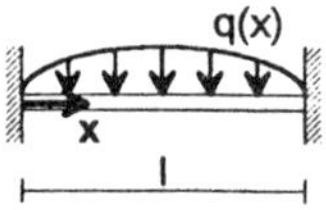

Ermitteln Sie für den dargestellten Träger die maximale Durchbiegung.

Gegeben: $q(x)=q_0\sin(\pi\frac{x}{l})$, EI, l

Lösung:

$$EI\,w''''(x) = q(x) = q_0\sin(\pi\tfrac{x}{l})$$

$$w'''(x) = -\frac{q_0}{EI}\frac{l}{\pi}\cos(\pi\tfrac{x}{l}) + C_1$$

$$w''(x) = -\frac{q_0}{EI}(\tfrac{l}{\pi})^2\sin(\pi\tfrac{x}{l}) + C_1x + C_2$$

$$w'(x) = \frac{q_0}{EI}(\tfrac{l}{\pi})^3\cos(\pi\tfrac{x}{l}) + \tfrac{1}{2}C_1x^2 + C_2x + C_3$$

$$w(x) = \frac{q_0}{EI}(\tfrac{l}{\pi})^4\sin(\pi\tfrac{x}{l}) + \tfrac{1}{6}C_1x^3 + \tfrac{1}{2}C_2x^2 + C_3x + C_4$$

Randbedingungen:

$w(0) = 0 \Rightarrow C_4 = 0$

$w'(0) = 0 \Rightarrow C_3 = -\frac{q_0}{EI}(\frac{l}{\pi})^3$

$w(l) = 0$, $w'(l) = 0 \Rightarrow C_2 = 2\frac{q_0}{EI}\frac{l^2}{\pi^3}$, $C_1 = 0$

$$w(x) = \frac{q_0}{EI}(\tfrac{l}{\pi})^4\left[\sin(\pi\tfrac{x}{l}) + \pi(\tfrac{x}{l})^2 - \pi(\tfrac{x}{l})\right]$$

$$\Rightarrow \quad \underline{w_{max} = w(\tfrac{l}{2}) = \frac{q_0}{EI}(\tfrac{l}{\pi})^4\left[1 - \tfrac{\pi}{4}\right]}$$

(51)

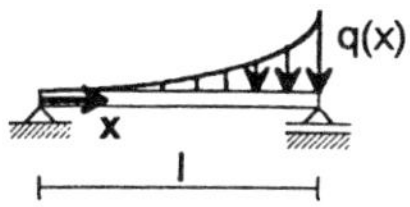

Ermitteln Sie für den dargestellten Träger die Biegelinie **w(x)** und nennen Sie den Zusammenhang zwischen Biegelinie und Schnittlasten.
Gegeben: $q(x)=q_0(\frac{x}{l})^2$, EI, l

Lösung:

$$EI\, w''''(x) = q(x) = q_0(\tfrac{x}{l})^2$$

$$w'''(x) = \frac{q_0 l}{EI}\left[\tfrac{1}{3}(\tfrac{x}{l})^3 + C_1\right]$$

$$w''(x) = \frac{q_0 l^2}{EI}\left[\tfrac{1}{12}(\tfrac{x}{l})^4 + C_1(\tfrac{x}{l}) + C_2\right]$$

$$w'(x) = \frac{q_0 l^3}{EI}\left[\tfrac{1}{60}(\tfrac{x}{l})^5 + \tfrac{1}{2}C_1(\tfrac{x}{l})^2 + C_2(\tfrac{x}{l}) + C_3\right]$$

$$w(x) = \frac{q_0 l^4}{EI}\left[\tfrac{1}{360}(\tfrac{x}{l})^6 + \tfrac{1}{6}C_1(\tfrac{x}{l})^3 + \tfrac{1}{2}C_2(\tfrac{x}{l})^2 + C_3(\tfrac{x}{l}) + C_4\right]$$

Randbedingungen:

$w(0) = 0 \Rightarrow C_4 = 0$

$w''(0) = 0 \Rightarrow C_2 = 0$

$w(l) = 0$, $w''(l) = 0 \Rightarrow C_3 = \frac{1}{90}$, $C_1 = -\frac{1}{12}$

$$\underline{w(x) = \frac{q_0 l^4}{360EI}\left[(\tfrac{x}{l})^6 - 5(\tfrac{x}{l})^3 + 4(\tfrac{x}{l})\right]}$$

Zusammenhang zwischen Biegelinie und Schnittlasten

$$EI\, w''(x) = -M(x)$$
$$EI\, w'''(x) = -Q(x)$$

(52)

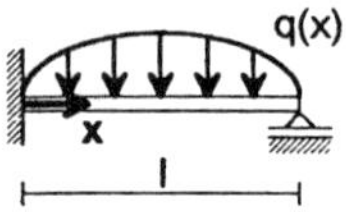

Ermitteln Sie für den dargestellten Träger die Biegelinie **w(x)** durch Integration der Linienlast.

Gegeben: $q(x)=2q_0[(\frac{x}{l}) - (\frac{x}{l})^2]$, EI, l

Lösung:

$$EI\, w''''(x) = q(x) = 2q_0 \left[(\tfrac{x}{l}) - (\tfrac{x}{l})^2\right]$$

$$w'''(x) = \frac{2q_0 l}{EI}\left[-\tfrac{1}{3}(\tfrac{x}{l})^3 + \tfrac{1}{2}(\tfrac{x}{l})^2 + C_1\right]$$

$$w''(x) = \frac{2q_0 l^2}{EI}\left[-\tfrac{1}{12}(\tfrac{x}{l})^4 + \tfrac{1}{6}(\tfrac{x}{l})^3 + C_1(\tfrac{x}{l}) + C_2\right]$$

$$w'(x) = \frac{2q_0 l^3}{EI}\left[-\tfrac{1}{60}(\tfrac{x}{l})^5 + \tfrac{1}{24}(\tfrac{x}{l})^4 + \tfrac{1}{2}C_1(\tfrac{x}{l})^2 + C_2(\tfrac{x}{l}) + C_3\right]$$

$$w(x) = \frac{2q_0 l^4}{EI}\left[-\tfrac{1}{360}(\tfrac{x}{l})^6 + \tfrac{1}{120}(\tfrac{x}{l})^5 + \tfrac{1}{6}C_1(\tfrac{x}{l})^3 + \tfrac{1}{2}C_2(\tfrac{x}{l})^2 + C_3(\tfrac{x}{l}) + C_4\right]$$

Randbedingungen:

$w(0) = 0 \Rightarrow C_4 = 0$

$w'(0) = 0 \Rightarrow C_3 = 0$

$w(l) = 0$, $w''(l) = 0 \Rightarrow C_2 = \frac{1}{40}$, $C_1 = -\frac{13}{120}$

$$\underline{w(x) = \frac{q_0 l^4}{360EI}\left[-2(\tfrac{x}{l})^6 + 6(\tfrac{x}{l})^5 - 13(\tfrac{x}{l})^3 + 9(\tfrac{x}{l})^2\right]}$$

(53)

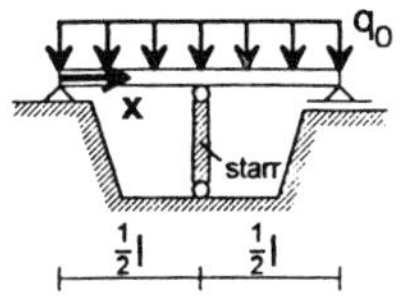

Ermitteln Sie für die dargestellte Brücke die Biegelinie **w(x)** durch Integration der Belastung.

Gegeben: q_0, EI, l

Lösung:

Aus Symmetriegründen wird nur der linke Teilbereich betrachtet:

$$EI\, w''''(x) = q(x) = q_0$$

$$w'''(x) = \frac{q_0 l}{EI}\left[\left(\tfrac{x}{l}\right) + C_1\right]$$

$$w''(x) = \frac{q_0 l^2}{EI}\left[\tfrac{1}{2}\left(\tfrac{x}{l}\right)^2 + C_1\left(\tfrac{x}{l}\right) + C_2\right]$$

$$w'(x) = \frac{q_0 l^3}{EI}\left[\tfrac{1}{6}\left(\tfrac{x}{l}\right)^3 + \tfrac{1}{2}C_1\left(\tfrac{x}{l}\right)^2 + C_2\left(\tfrac{x}{l}\right) + C_3\right]$$

$$w(x) = \frac{q_0 l^4}{EI}\left[\tfrac{1}{24}\left(\tfrac{x}{l}\right)^4 + \tfrac{1}{6}C_1\left(\tfrac{x}{l}\right)^3 + \tfrac{1}{2}C_2\left(\tfrac{x}{l}\right)^2 + C_3\left(\tfrac{x}{l}\right) + C_4\right]$$

Randbedingungen:

$w(0) = 0 \Rightarrow C_4 = 0$

$w''(0) = 0 \Rightarrow C_2 = 0$

$w(\tfrac{1}{2}l) = 0$, $w'(\tfrac{1}{2}l) = 0 \Rightarrow C_3 = \frac{1}{384}$, $C_1 = -\frac{3}{16}$

$$\underline{w(x) = \frac{q_0 l^4}{384EI}\left[16\left(\tfrac{x}{l}\right)^4 - 12\left(\tfrac{x}{l}\right)^3 + \left(\tfrac{x}{l}\right)\right]}$$

54

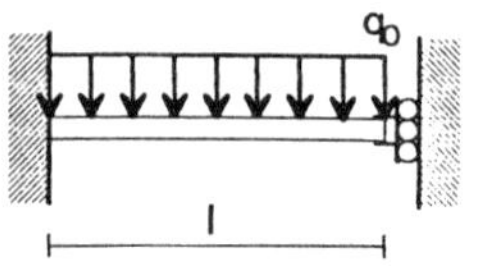

Ermitteln Sie für das dargestellte System die Durchbiegung am rechten Balkenende.
Hinweis: Das Hülsenlager kann nur ein Biegemoment aufnehmen.
Gegeben: q_0, EI, l

Lösung:

$$EI\, w''''(x) = q(x) = q_0$$

$$w'''(x) = \frac{q_0 l}{EI}\left[\left(\frac{x}{l}\right) + C_1\right]$$

$$w''(x) = \frac{q_0 l^2}{EI}\left[\frac{1}{2}\left(\frac{x}{l}\right)^2 + C_1\left(\frac{x}{l}\right) + C_2\right]$$

$$w'(x) = \frac{q_0 l^3}{EI}\left[\frac{1}{6}\left(\frac{x}{l}\right)^3 + \frac{1}{2}C_1\left(\frac{x}{l}\right)^2 + C_2\left(\frac{x}{l}\right) + C_3\right]$$

$$w(x) = \frac{q_0 l^4}{EI}\left[\frac{1}{24}\left(\frac{x}{l}\right)^4 + \frac{1}{6}C_1\left(\frac{x}{l}\right)^3 + \frac{1}{2}C_2\left(\frac{x}{l}\right)^2 + C_3\left(\frac{x}{l}\right) + C_4\right]$$

Randbedingungen:

$w(0) = 0 \Rightarrow C_4 = 0$

$w'(0) = 0 \Rightarrow C_3 = 0$

$w'(l) = 0$, $w'''(l) = 0$ $\Rightarrow$ $C_2 = \frac{1}{3}$, $C_1 = -1$

$$w(x) = \frac{q_0 l^4}{24EI}\left[\left(\frac{x}{l}\right)^4 - 4\left(\frac{x}{l}\right)^3 + 4\left(\frac{x}{l}\right)^2\right]$$

$$\Rightarrow \quad \underline{w(l) = \frac{q_0 l^4}{24EI}}$$

55

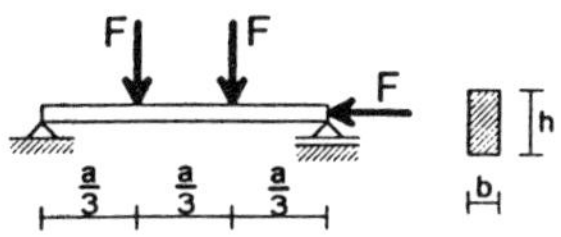

Berechnen Sie die extremalen Normalspannungen.

Gegeben: $F = 300N$, $a = 2m$, $b = 2cm$, $h = 4cm$

Lösung:

Auflagerreaktionen

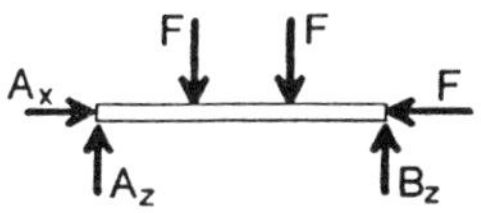

$A_x = F \quad A_z = F \quad B_z = F$

Schnittlasten

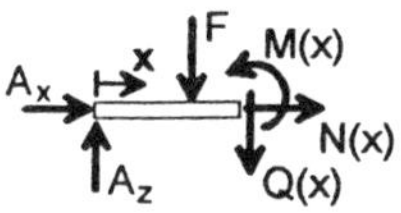

Bereich II: $\frac{1}{3}a \leq x \leq \frac{2}{3}a$

$N(x) = -F$

$M(x) = \frac{1}{3}F \cdot a$

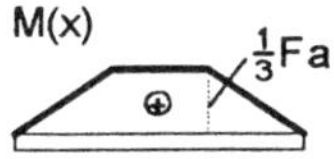

Balkenquerschnitt

$A = bh \qquad I_y = \frac{1}{12}bh^3 \qquad z_{max} = -\frac{h}{2}$

Normalspannungen

$$\sigma_{xx}(x,z) = \frac{N(x)}{A} + \frac{M(x)}{I_y}z$$

$$\Rightarrow \quad \underline{\sigma_{max} = \frac{-F}{bh} + \frac{4F \cdot a}{bh^3}\left(-\frac{h}{2}\right) = -\frac{F}{bh}\left(1 + 2\frac{a}{h}\right) = -3.79\frac{kN}{cm^2}}$$

(56)

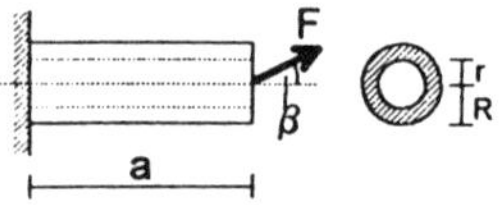

Überprüfen Sie, ob die für den Werkstoff zulässige Normalspannung an der Einspannstelle eingehalten wird.

Gegeben: $F = 1.5$ kN, $\beta = 30°$, $a = 1$m, $R = 2$cm, $r = 1$cm, $\sigma_{zul} = 13$ kN/cm^2

Lösung:

Schnittlasten

Bereich: $0 \leq x \leq a$

$N(x) = F\cos\beta$

$M(x) = -F\sin\beta \cdot x$

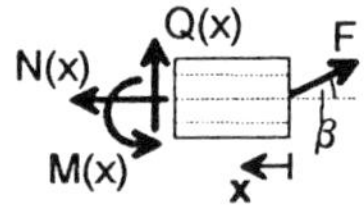

Rohrquerschnitt

$A = \pi(R^2 - r^2) \qquad I_y = \frac{\pi}{4}(R^4 - r^4) \qquad z_{max} = -R$

Normalspannungen

$$\sigma_{xx}(x,z) = \frac{N(x)}{A} + \frac{M(x)}{I_y}z$$

$$\Rightarrow \quad \underline{\sigma_{max} = \frac{F\cos\beta}{\pi(R^2-r^2)} + \frac{-4F\sin\beta\cdot a}{\pi(R^4-r^4)}(-R) = 12.87\frac{kN}{cm^2} \leq 13\frac{kN}{cm^2}}$$

Die zulässige Normalspannung wird nicht überschritten.

(57)

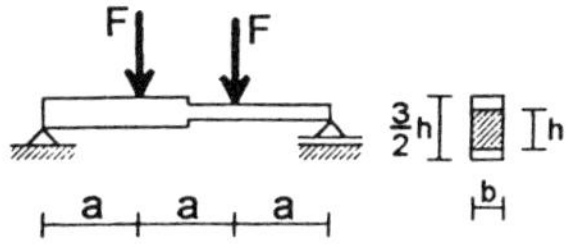

Überprüfen Sie, ob die zulässige Normalspannung für den skizzierten Balken eingehalten wird.

Gegeben: $F = 2kN$, $a = 3m$, $b = 5cm$, $h = 10cm$, $\sigma_{zul} = 13\ kN/cm^2$

Lösung:

Auflagerreaktionen

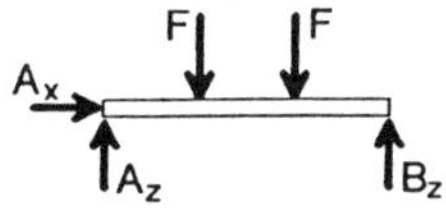

$A_x = 0 \quad A_z = F \quad B_z = F$

Schnittlasten

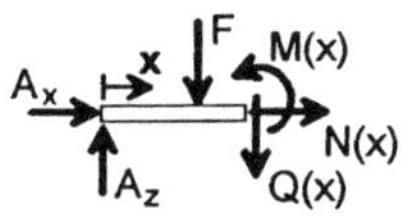

Bereich II: $a \leq x \leq 2a$

$N(x) = 0$

$M(x) = F \cdot a$

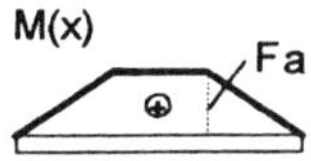

Balkenquerschnitte

$$A_1 = bh \qquad I_{y1} = \tfrac{1}{12}bh^3 \qquad z_{max1} = \tfrac{1}{2}h$$

$$A_2 = \tfrac{3}{2}bh \qquad I_{y2} = \tfrac{9}{32}bh^3 \qquad z_{max2} = \tfrac{3}{4}h$$

Normalspannungen

$$\sigma_{xx}(x,z) = \frac{N(x)}{A} + \frac{M(x)}{I_y}z$$

$$\Rightarrow \quad \underline{\sigma_{max} = \frac{12F\cdot a}{bh^3}\cdot\frac{1}{2}h = 6\frac{Fa}{bh^2} = 7.2\frac{kN}{cm^2} < \sigma_{zul}}$$

Die zulässige Normalspannung wird nicht überschritten.

(58)

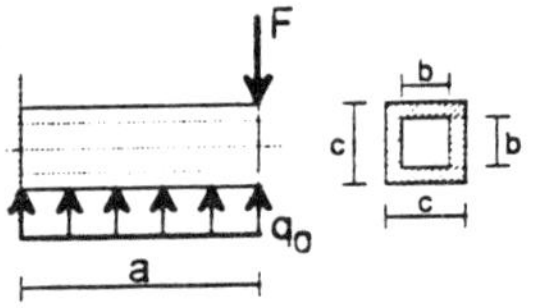

Bestimmen Sie das Innenmaß **b** des Hohlkastenträgers so, daß die zulässige Normalspannung an keiner Stelle überschritten wird.

Gegeben: $F = 0.5$ kN, $q_0 = 1$ kN/m, $a = 1$ m, $c = 2$cm, $\sigma_{zul} = 10$ kN/cm^2

Lösung:

Schnittlasten

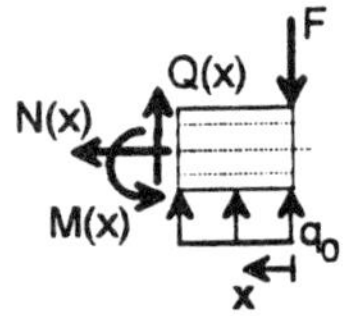

Bereich: $0 \leq x \leq a$

$N(x) = 0$

$M(x) = F \cdot x - \frac{1}{2} q_0 x^2$

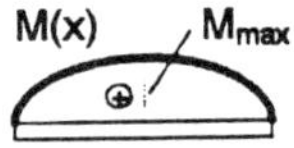

Balkenquerschnitt

$A = c^2 - b^2 \qquad I_y = \frac{1}{12}(c^4 - b^4) \qquad z_{max} = \frac{1}{2}c$

Normalspannungen

$$\sigma_{xx}(x,z) = \frac{N(x)}{A} + \frac{M(x)}{I_y} z$$

$$\sigma_{max} = \frac{M_{max}}{I_y} z_{max} \leq \sigma_{zul}$$

$$\Rightarrow \quad \frac{3a(4F - q_0 a)}{2(c^4 - b^4)} \cdot \frac{1}{2} c \leq \sigma_{zul}$$

$$\Rightarrow \quad \underline{b \leq \sqrt[4]{c^4 - \frac{3ac(4F - q_0 a)}{4\sigma_{zul}}} = 1\text{cm}}$$

(59)

Berechnen Sie für die skizzierte Hohlwelle mit Kreisringquerschnitt die maximalen Normalspannungen.

Gegeben: $q_0 = 600$ N/m, $a = 2$ m, $R = 2$cm, $r = 1$cm

Lösung:

Auflagerreaktionen

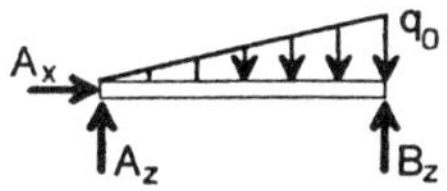

$A_x = 0 \quad A_z = \frac{1}{6} q_0 a \quad B_z = \frac{1}{3} q_0 a$

Schnittlasten

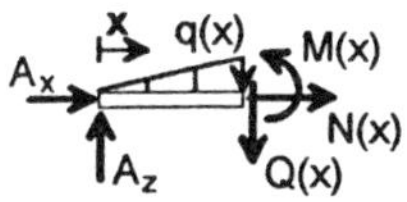

Bereich: $0 \leq x \leq a$

$N(x) = 0$

$M(x) = \frac{1}{6} q_0 a^2 [(\frac{x}{a}) - (\frac{x}{a})^3]$

$\frac{1}{6} q_0 a [1 - 3(\frac{x_e}{a})^2] = 0 \quad \Rightarrow \quad x_e = \frac{1}{3}\sqrt{3}\, a$

$\Rightarrow \quad M_{max} = M(x_e) = \frac{1}{27}\sqrt{3}\, q_0 a^2$

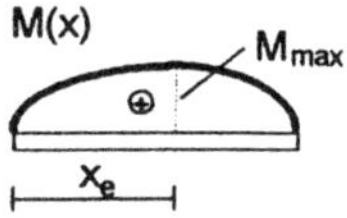

Hohlwellenquerschnitt

$A = \pi(R^2 - r^2) \qquad I_y = \frac{\pi}{4}(R^4 - r^4) \qquad z_{max} = R$

Normalspannungen

$$\sigma_{xx}(x, z) = \frac{N(x)}{A} + \frac{M(x)}{I_y} z$$

$$\Rightarrow \quad \sigma_{max} = \frac{4\sqrt{3}\, q_0 a^2}{27\pi(R^4 - r^4)} \cdot R = 2.61 \frac{kN}{cm^2}$$

(60)

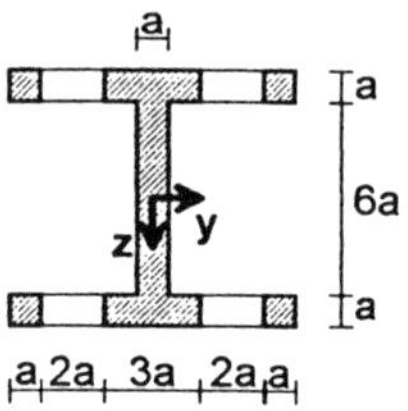

Überprüfen Sie, ob für das skizzierte Trägerprofil bei einem maximalen Biegemoment $\mathbf{M_{max}}$ die zulässige Normalspannung eingehalten wird.

Gegeben: $M_{max} = 40$ kNm, a = 2cm, $\sigma_{zul} = 15$ kN/cm²

Lösung:

Berechnung des Flächenträgheitsmoments

Teilfläche	I_{yi}	z_{Si}	A_i
Obergurt	$\frac{5}{12}a^4$	$\frac{7}{2}a$	$5a^2$
Untergurt	$\frac{5}{12}a^4$	$-\frac{7}{2}a$	$5a^2$
Steg	$18a^4$	0	$6a^2$

Satz von STEINER: $I_y = \Sigma I_{yi} + \Sigma z_{Si}^2 A_i$

$$\Rightarrow \quad I_y = 2 \cdot \frac{5}{12}a^4 + 18a^4 + 2 \cdot (\frac{7}{2}a)^2 5a^2 = \frac{424}{3}a^4$$

$A = 16a^2 \qquad z_{max} = 4a$

$N_{max} = 0 \qquad M_{max} = 40$ kNm

Normalspannung

$$\sigma_{xx}(x,z) = \frac{N(x)}{A} + \frac{M(x)}{I_y}z$$

$$\Rightarrow \quad \underline{\sigma_{max} = \frac{3M_{max}}{424a^4} \cdot 4a = \frac{3M_{max}}{106a^3} = 14.2\frac{kN}{cm^2} \leq 15\frac{kN}{cm^2}}$$

Die zulässige Normalspannung wird nicht überschritten.

61

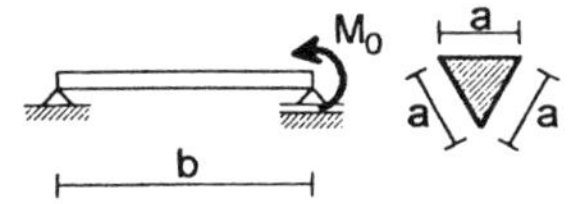

Berechnen Sie die Querschnittsabmessung **a** so, daß nirgends im Balken die zulässige Biegespannung σ_{zul} überschritten wird.

Gegeben: $M_0 = 7.56$ kNm, $b = 4$ m, $\sigma_{zul} = 14$ kN/cm^2

Lösung:

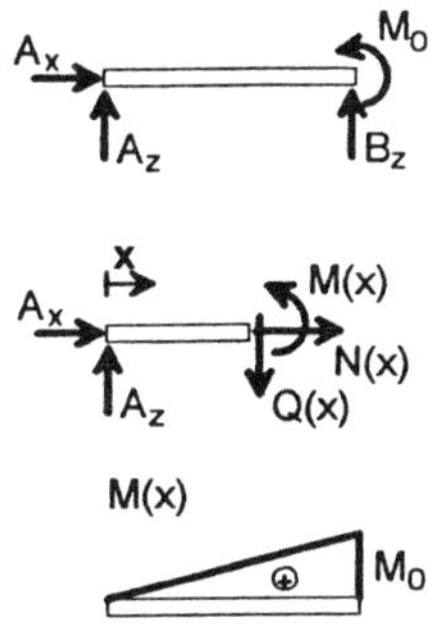

Auflagerreaktionen

$A_x = 0 \quad A_z = \frac{M_0}{b} \quad B_z = -\frac{M_0}{b}$

Schnittlasten

Bereich: $0 \leq x \leq b$

$N(x) = 0$

$M(x) = M_0(\frac{x}{b})$

$\Rightarrow \quad M_{max} = M(b) = M_0$

Dreiecksquerschnitt

$A = \frac{1}{4}\sqrt{3}\,a^2 \qquad I_y = \frac{1}{96}\sqrt{3}\,a^4 \qquad z_{max} = \frac{1}{3}\sqrt{3}\,a$

Normalspannungen

$\sigma_{xx}(x,z) = \frac{N(x)}{A} + \frac{M(x)}{I_y}z$

$\sigma_{max} = \frac{96 M_0}{\sqrt{3}\,a^4} \cdot \frac{1}{3}\sqrt{3}\,a = \frac{32 M_0}{a^3} \leq \sigma_{zul}$

$\Rightarrow \quad a \geq \sqrt[3]{\frac{32 M_0}{\sigma_{zul}}} = 12\text{cm}$

62

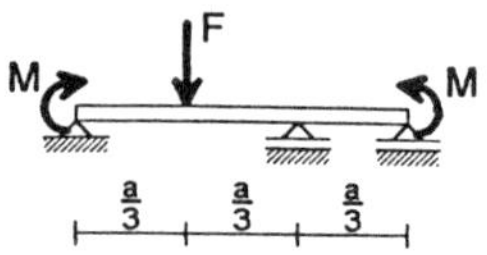

Berechnen Sie die Auflagerreaktionen.

Gegeben: a = 0.6 m,
F = 800 N, M = 300 Nm

Lösung:

Superposition

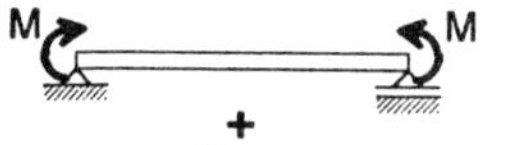

$$w_1(\tfrac{2}{3}a) = \frac{Ma^2}{9EI} \qquad \text{(Fall g)}$$

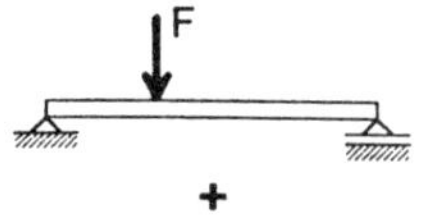

$$w_2(\tfrac{2}{3}a) = \frac{7Fa^3}{486EI} \qquad \text{(Fall c)}$$

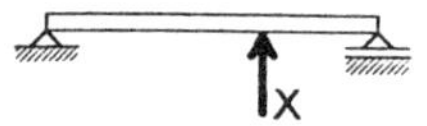

$$w_3(\tfrac{2}{3}a) = -\frac{4Xa^3}{243EI} \qquad \text{(Fall c)}$$

Verträglichkeitsbedingung: $w_1(\tfrac{2}{3}a) + w_2(\tfrac{2}{3}a) + w_3(\tfrac{2}{3}a) = 0$

$$\frac{a^2}{486EI}(54M + 7Fa - 8Xa) = 0$$
$$\Rightarrow \quad \underline{X = \frac{54M + 7Fa}{8a} = 4075\ \text{N}}$$

Auflagerreaktionen

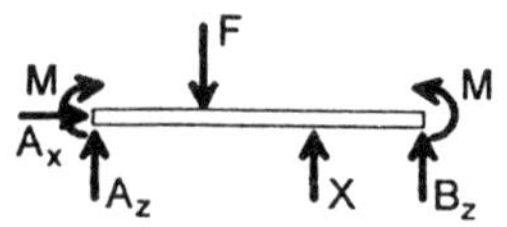

$\underline{A_x = 0}$
$\underline{A_z = -825\ \text{N}}$
$\underline{X = 4075\ \text{N}}$
$\underline{B_z = -2450\ \text{N}}$

63

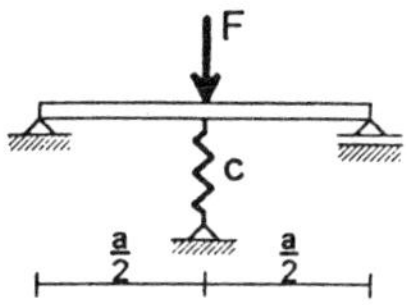

Berechnen Sie die Auflagerreaktionen.
Die Feder sei für F=0 entspannt.

Gegeben: a, F, c, EI

Lösung:

Superposition

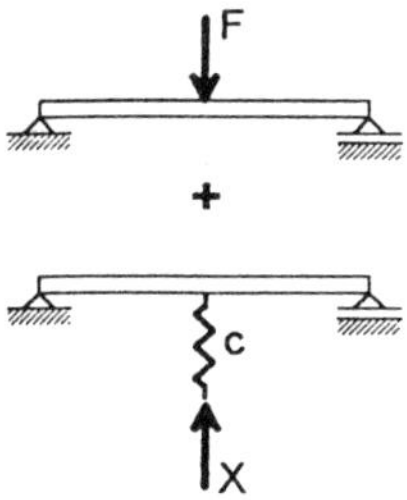

$$w_1(\tfrac{1}{2}a) = \frac{Fa^3}{48EI} \qquad \text{(Fall c)}$$

$$w_2(\tfrac{1}{2}a) = -\frac{Xa^3}{48EI} - \frac{X}{c} \quad \text{(Fall c)}$$

Verträglichkeitsbedingung: $w_1(\tfrac{1}{2}a) + w_2(\tfrac{1}{2}a) = 0$

$$\frac{a^3}{48EI}\left(F - X - \frac{48EI}{c \cdot a^3}X\right) = 0$$

$$\Rightarrow \quad \underline{X = \frac{1}{1+\frac{48EI}{c \cdot a^3}}F}$$

Auflagerreaktionen

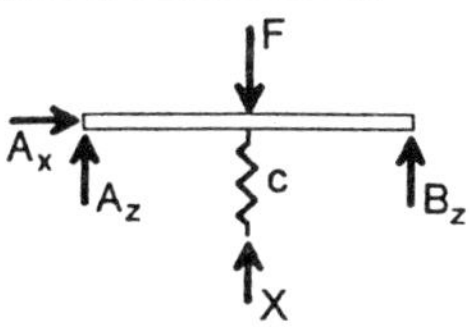

$$\underline{A_x = 0}$$

$$\underline{A_z = \tfrac{1}{2}(F - X) = \frac{1}{2(1+\frac{c \cdot a^3}{48EI})}F}$$

$$\underline{B_z = \tfrac{1}{2}(F - X) = \frac{1}{2(1+\frac{c \cdot a^3}{48EI})}F}$$

64

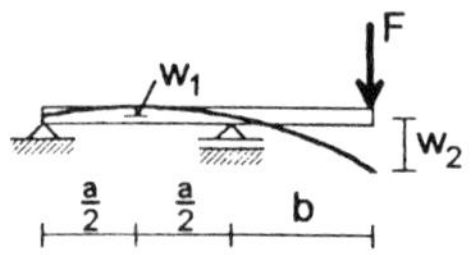

Bestimmen Sie die Länge **b** so, daß w_1 und w_2 den gleichen Betrag haben.

Gegeben: a, F, EI

Lösung:

Superposition

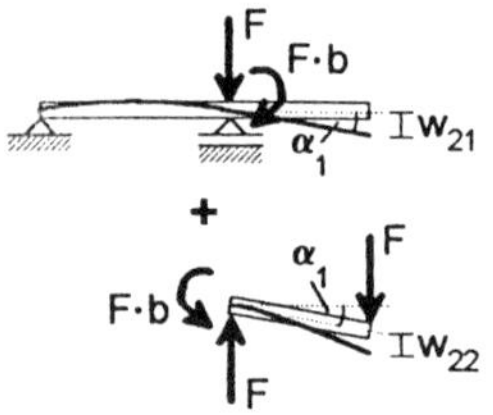

$$w_1 = -\frac{Fba^2}{16EI} \qquad \text{(Fall f)}$$

$$w_{21} = b \cdot \alpha_1 = \frac{Fb^2a}{3EI}$$

$$w_{22} = \frac{Fb^3}{3EI} \qquad \text{(Fall a)}$$

$$w_2 = w_{21} + w_{22} = \frac{Fb^2(a+b)}{3EI}$$

$w_1 = w_2$:

$$\frac{Fb}{48EI}(16b^2 + 16ab - 3a^2) = 0$$

$$\Rightarrow \quad \underline{b_{1,2} = \frac{-2 \pm \sqrt{7}}{4}a}$$

$$\underline{b_1 = \frac{\sqrt{7}-2}{4}a \approx 0.16a}$$

65

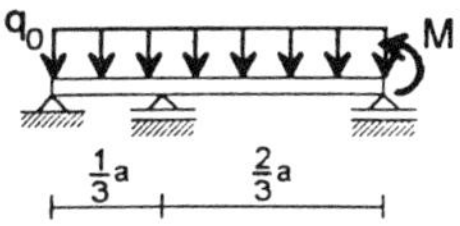

Berechnen Sie die Auflagerreaktionen des skizzierten Systems.

Gegeben: a, q_0, $M = q_0 a^2$

Lösung:

Superposition

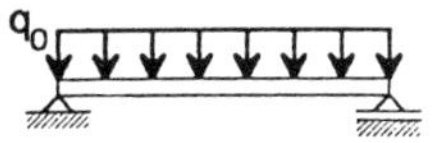

$$w_1(\tfrac{1}{3}a) = \frac{11 q_0 a^4}{972EI} \qquad \text{(Fall d)}$$

+

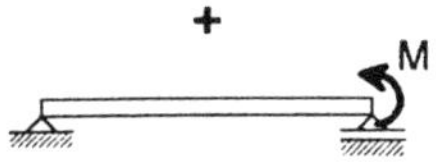

$$w_2(\tfrac{1}{3}a) = \frac{4Ma^2}{81EI} \qquad \text{(Fall f)}$$

+

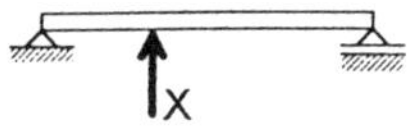

$$w_3(\tfrac{1}{3}a) = -\frac{4Xa^3}{243EI} \qquad \text{(Fall c)}$$

Verträglichkeitsbedingung:

$$w_1(\tfrac{1}{3}a) + w_2(\tfrac{1}{3}a) + w_3(\tfrac{1}{3}a) = 0$$

$$\frac{a^2}{972EI}(11 q_0 a^2 + 48 q_0 a^2 - 16Xa) = 0$$

$$\Rightarrow \quad \underline{X = \frac{59}{16} q_0 a}$$

Auflagerreaktionen

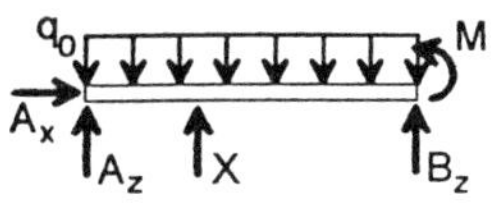

$$\underline{A_x = 0}$$

$$\underline{A_z = -\frac{23}{24} q_0 a}$$

$$\underline{X = \frac{59}{16} q_0 a}$$

$$\underline{B_z = -\frac{83}{48} q_0 a}$$

(66)

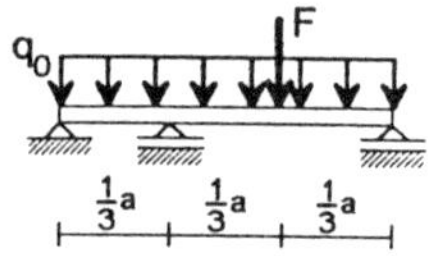

Berechnen Sie die Auflagerreaktionen des skizzierten Systems.

Gegeben: a, q_0, $F = \frac{3}{2} q_0 a$

Lösung:

Superposition

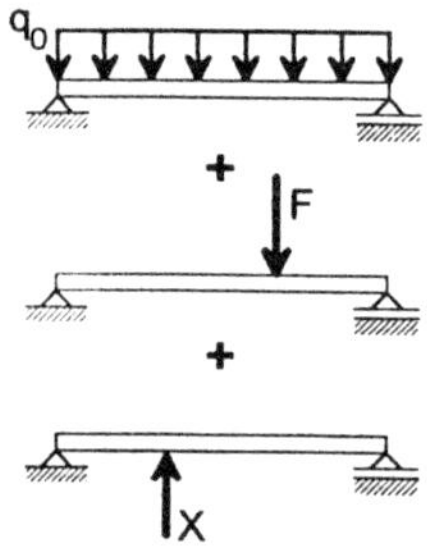

$$w_1(\tfrac{1}{3}a) = \frac{11 q_0 a^4}{972 EI} \qquad \text{(Fall d)}$$

$$w_2(\tfrac{1}{3}a) = \frac{7 F a^3}{486 EI} \qquad \text{(Fall c)}$$

$$w_3(\tfrac{1}{3}a) = -\frac{4 X a^3}{243 EI} \qquad \text{(Fall c)}$$

Verträglichkeitsbedingung: $w_1(\tfrac{1}{3}a) + w_2(\tfrac{1}{3}a) + w_3(\tfrac{1}{3}a) = 0$

$$\frac{a^3}{972 EI}(11 q_0 a + 21 q_0 a - 16 X) = 0$$

$$\Rightarrow \quad \underline{X = 2 q_0 a}$$

Auflagerreaktionen

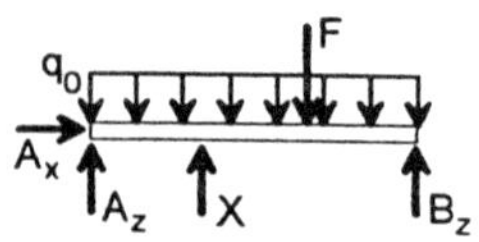

$$\underline{A_x = 0}$$

$$\underline{A_z = -\tfrac{1}{3} q_0 a}$$

$$\underline{X = 2 q_0 a}$$

$$\underline{B_z = \tfrac{5}{6} q_0 a}$$

67

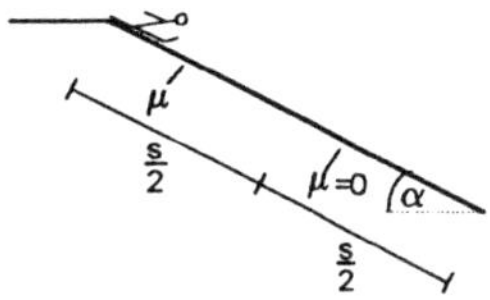

Ein Skispringer fährt eine Schanze hinunter, welche in der unteren Hälfte vereist ist, so daß dort $\mu=0$ gilt. Berechnen Sie seine Absprunggeschwindigkeit am Schanzenende.

Gegeben: $s=50$ m, $v_0=0$, $\alpha=30°$, $\mu=0.2$, $g=9.81$ m/s^2

Lösung:

Oberer Schanzenteil

$$m\ddot{x} = mg\sin\alpha - \mu mg\cos\alpha$$

$$\ddot{x}(t) = \tfrac{1}{2}g(1 - \sqrt{3}\,\mu)$$

$$\dot{x}(t) = \tfrac{1}{2}g(1 - \sqrt{3}\,\mu)t + C_1$$

$$x(t) = \tfrac{1}{4}g(1 - \sqrt{3}\,\mu)t^2 + C_1 t + C_2$$

Anfangsbedingungen:

$$x(0) = 0 = C_2$$

$$\dot{x}(0) = v_0 = 0 = C_1$$

$$x(t_1) = \tfrac{1}{2}s: \quad t_1 = \sqrt{\frac{2s}{g(1-\sqrt{3}\,\mu)}}$$

$$\Rightarrow \quad v_1 = \dot{x}(t_1) = \tfrac{1}{2}\sqrt{2gs(1 - \sqrt{3}\,\mu)} \approx 12.66\ \tfrac{m}{s}$$

Unterer Schanzenteil

$$m\ddot{x} = mg\sin\alpha$$

$$\ddot{x}(t) = \tfrac{1}{2}g$$

$$\dot{x}(t) = \tfrac{1}{2}gt + C_3$$

$$x(t) = \tfrac{1}{4}gt^2 + C_3 t + C_4$$

Anfangsbedingungen:

$$x(0) = \tfrac{1}{2}s = C_4$$

$$\dot{x}(0) = v_1 = C_3$$

$$x(t_2) = s: \quad t_2 = \frac{2v_1}{g}\left[\sqrt{1 + \frac{gs}{2v_1^2}} - 1\right]$$

$$\Rightarrow \quad \underline{v_2 = \dot{x}(t_2) = \sqrt{v_1^2 + \tfrac{1}{2}gs} \approx 20.14\ \tfrac{m}{s}}$$

(68)

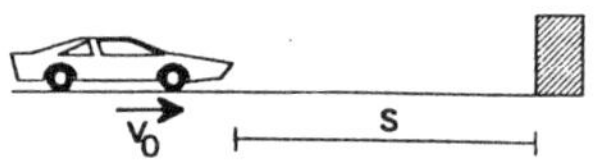

Ein Auto fährt mit 72 km/h, als in 80 m Entfernung ein Hindernis auftaucht. Nach einer Reaktionszeit von 1 s macht der Fahrer eine Vollbremsung mit blockierenden Rädern. Prüfen Sie, ob er noch rechtzeitig zum Stehen kommt.

Gegeben: $s=80$ m, $v_0=72$ km/h, $\mu=0.4$, $g=9.81$ m/s^2

Lösung:

Freischnitt

$N = mg$

$R = \mu N = \mu mg$

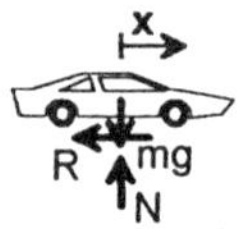

Reaktionszeit

$t_0 = 1\text{s}: \quad s_0 = v_0 \cdot t_0 = 20 \text{ m}$

Schwerpunktsatz

$m\ddot{x} = -R = -\mu mg$

$\ddot{x}(t) = -\mu g$

$\dot{x}(t) = -\mu g t + C_1$

$x(t) = -\frac{1}{2}\mu g t^2 + C_1 t + C_2$

Anfangsbedingungen:

$x(0) = s_0 = C_2$

$\dot{x}(0) = v_0 = C_1$

$\dot{x}(t_1) = v(t_1) = 0: \quad t_1 = \frac{v_0}{\mu g}$

$\Rightarrow \quad \underline{x(t_1) = \frac{1}{2}\frac{v_0^2}{\mu g} + s_0 \approx 70.7 \text{ m}}$

Das Auto kommt 9.3 m vor dem Hindernis zum Stehen.

69

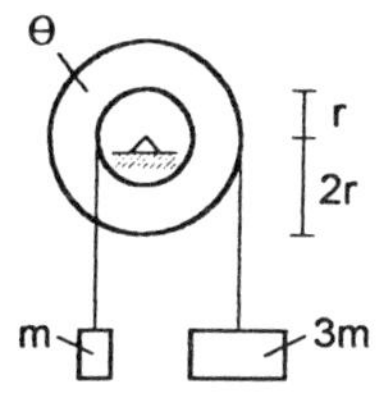

Zwei Seile mit Körpern verschiedener Masse an den Enden sind über eine reibungsfrei gelagerte Rolle geführt. Zum Zeitpunkt t=0 werden beide Körper auf gleicher Höhe ohne Anfangsgeschwindigkeit losgelassen. Berechnen Sie den Höhenunterschied zwischen den Körpern nach der Zeit t_s.

Gegeben: $m, r, \Theta = 12mr^2, t_s, g$

Lösung:

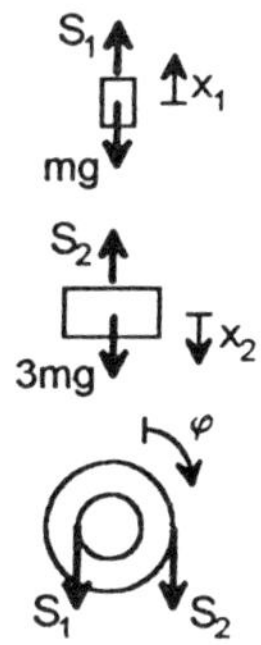

Schwerpunktsatz: Linker Körper

$m\ddot{x}_1 = S_1 - mg$

Schwerpunktsatz: Rechter Körper

$3m\ddot{x}_2 = 3mg - S_2$

Drallsatz: Rolle

$\Theta\ddot{\varphi} = 2S_2 r - S_1 r \qquad [*]$

Kinematische Beziehungen

$x_1 = r\varphi \quad \Rightarrow \quad \ddot{\varphi} = \frac{\ddot{x}_1}{r}$

$x_2 = 2r\varphi \quad \Rightarrow \quad x_2 = 2x_1 \qquad \ddot{x}_2 = 2\ddot{x}_1$

Einsetzen in [*]:

$12mr\ddot{x}_1 = 6mr(g - 2\ddot{x}_1) - mr(g + \ddot{x}_1)$

$\Rightarrow \quad \ddot{x}_1 = \frac{1}{5}g$

Integration:

$\dot{x}_1(t) = \frac{1}{5}gt + C_1$

$x_1(t) = \frac{1}{10}gt^2 + C_1 t + C_2$

Anfangsbedingungen:

$x(0) = 0 = C_2$

$\dot{x}(0) = 0 = C_1$

$x_1 = x_1(t_s) = \frac{1}{10}gt_s^2 \quad \Rightarrow \quad x_2 = 2x_1 = \frac{1}{5}gt_s^2$

$\Rightarrow \quad \underline{h = x_1 + x_2 = \frac{3}{10}gt_s^2}$

(70)

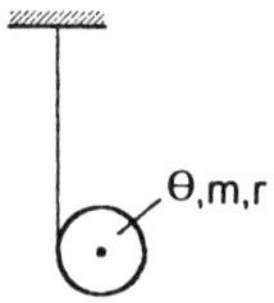

Ein Jojo wird an einem Seil hinuntergelassen. Bestimmen Sie die dabei auftretende Seilkraft.

Gegeben: m, r, $\Theta = \frac{1}{2} m r^2$

Lösung:

Schwerpunktsatz:

$m\ddot{x} = mg - S$ [1]

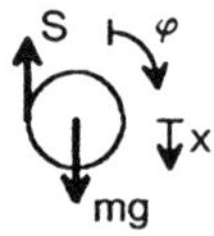

Drallsatz:

$\Theta\ddot{\varphi} = S \cdot r$ [2]

Kinematische Beziehungen:

$\dot{x} = r\dot{\varphi} \quad \Rightarrow \quad \ddot{x} = r\ddot{\varphi}$

Einsetzen ergibt:

[1]: $mr\ddot{\varphi} = mg - S$

[2]: $\frac{1}{2}mr^2\ddot{\varphi} = S \cdot r$

[1] · r + [2]: $\frac{3}{2}mr^2\ddot{\varphi} = mgr \quad \Rightarrow \quad \ddot{\varphi} = \frac{2g}{3r}$

$\Rightarrow \quad \underline{S = \frac{1}{2}mr\ddot{\varphi} = \frac{1}{3}mg}$

Aufgabensammlungen zur Mechanik

[1] **Assmann, B.:**
Aufgaben zur Festigkeitslehre
München/Wien: Oldenbourg 1990
Aufgaben zur Kinematik und Kinetik
München/Wien: Oldenbourg 1991

[2] **Böge, A. und W. Schlemmer:**
Aufgabensammlung zur Mechanik und Festigkeitslehre
Braunschweig/Wiesbaden: Vieweg 1983
Lösungen zur Aufgabensammlung Mechanik und Festigkeitslehre
Braunschweig/Wiesbaden: Vieweg 1990

[3] **Göldner, H.:**
Übungsaufgaben aus der Technischen Mechanik
Leipzig: VEB Fachbuchverlag 1988

[4] **Gross, D. und W. Schnell:**
Formel- und Aufgabensammlung zur Technischen Mechanik II
Mannheim/Wien/Zürich: Bibliographisches Institut 1990

[5] **Hagedorn, P.:**
Aufgabensammlung Technische Mechanik
Stuttgart: Teubner 1988

[6] **Hauger, W., H. Lippmann und V. Mannl:**
Aufgaben zur Technischen Mechanik 1-3
Berlin/Heidelberg/.../Budapest: Springer 1991

[7] **Kabus, K.:**
Mechanik und Festigkeitslehre. Aufgaben
München/Wien: Hanser 1990

[8] **Lugner, P., K. Desoyer und A. Nowak:**
Technische Mechanik. Aufgaben und Lösungen
Wien: Springer 1988

[9] **Müller, H.H. und K. Magnus:**
Übungen zur Technischen Mechanik
Stuttgart: Teubner 1982

[10] **Schnell, W. und D. Gross:**
Formel- und Aufgabensammlung zur Technischen Mechanik I
Mannheim/Wien/Zürich: Bibliographisches Institut 1991

[11] **Spiegel, M.R.:**
Allgemeine Mechanik
Hamburg/New York/.../Toronto: McGraw-Hill 1990

[12] **Zimmermann, E. und H. Rittinghaus**
Mechanik-Aufgaben 1-3
Düsseldorf: VDI-Verlag 1982, 1984

Schriftenreihe Ebene Flächentragwerke

Hrsg.: Wolfgang Raack, Technische Universität Berlin,
2. Institut für Mechanik. - Bd. 1. 1989 ff.

---

1 **Ebene Flächentragwerke. Grundlagen.**
Wolfgang Raack. - 1989. - 276 S., A 5
ISBN 3 7983 1313 X DM 24,00

2 **Ebene Flächentragwerke. Scheiben.**
Wolfgang Raack. - 1989. - 333 S., A 5
ISBN 3 7983 1314 8 DM 28,00

3 **Ebene Flächentragwerke. Platten, Teil 1.**
Wolfgang Raack. - 1990. - X, 247 S., A 5
ISBN 3 7983 1315 6 DM 22,00

4 **Ebene Flächentragwerke. Platten, Teil 2.**
Wolfgang Raack. - 1990. - VI, 306 S., A 5
ISBN 3 7983 1316 4 DM 26,00

5 **Ebene Flächentragwerke. Ausgewählte Kapitel, Teil 1.**
Wolfgang Raack. - 1992. - VI, 240 S., A 5
ISBN 3 7983 1485 3 DM 30,00

6 **Ebene Flächentragwerke. Ausgewählte Kapitel, Teil 2.**
Wolfgang Raack. - 1993. - VI, 254 S., A 5
ISBN 3 7983 1559 0 DM 32,00

7 **Ebene Flächentragwerke. Aufgaben.**
Wolfgang Raack. - 1995. - IV, 368 S., A 5
ISBN 3 7983 1648 1 DM 37,00

Bei Abnahme mehrerer Exemplare eines Titels wird Preisnachlaß gewährt; Näheres auf Anfrage. Ab 1994 gelten die Preise für den Barverkauf. Bei Bestellungen wird zusätzlich eine Versandpauschale erhoben: für das 1. Exemplar 4,00 DM; für jedes weitere Exemplar 1,00 DM.

Vertrieb/ Publisher: Technische Universität Berlin, Universitätsbibliothek, Abt. Publikationen
Straße des 17. Juni 135, D-10623 Berlin.
Tel.: (030) 314-22976, -23676. Fax.: (030) 314-24743

Verkauf/ Book Shop: Gebäude FRA-B - Franklinstr. 15 (Hof), 10587 Berlin-Charlottenburg